国家自然科学基金项目（42471490）
广州市高等教育教学质量与教学改革工程项目（2023KCJJD003） 资助

土壤与植物地理学实验与实习指导书
（第二版）

TURANG YU ZHIWU DILIXUE
SHIYAN YU SHIXI ZHIDAOSHU (DI ER BAN)

徐国良　方碧真　曹峥　邱霓　编著

中国地质大学出版社
ZHONGGUO DIZHI DAXUE CHUBANSHE

图书在版编目(CIP)数据

土壤与植物地理学实验与实习指导书/徐国良等编著. —2版. — 武汉：中国地质大学出版社，2025.2. — ISBN 978-7-5625-6143-9

Ⅰ.S159;Q948

中国国家版本馆 CIP 数据核字第 2025G85U35 号

土壤与植物地理学实验与实习指导书（第二版）		徐国良　方碧真　曹峥　邱霓　编著
责任编辑:舒立霞		责任校对:徐蕾蕾
出版发行:中国地质大学出版社(武汉市洪山区鲁磨路388号)		邮编:430074
电　　话:(027)67883511	传　　真:(027)67883580	E-mail:cbb@cug.edu.cn
经　　销:全国新华书店		https://cugp.cug.edu.cn
开本:787mm×1092mm　1/16	字数:260 千字	印张:10.25
版次:2025 年 2 月第 1 版	印次:2025 年 2 月第 1 次印刷	
印刷:湖北睿智印务有限公司		
ISBN 978-7-5625-6143-9		定价:36.00 元

如有印装质量问题请与印刷厂联系调换

前 言

土壤与植物地理学是自然地理学的重要分支学科，是研究地球表层土壤圈和生物圈组成、结构与格局特征的科学。与自然地理学的其他分支学科一样，"土壤与植物地理学"是实践性很强的专业基础课程。学生不仅需要掌握地球表层土壤与植被的基础理论知识，而且还必须能够身体力行，学以致用，掌握室内和野外观察、测量、采样、记录、分析等方法。这就要求配置足够丰富的实验实践教学内容，使学生可以在实验室，以及到野外去验证、重现所学的理论知识，更深入认识土壤与植被的形成、特征、分布规律以及相互关系等。

因此，本课程设置了比较系统而丰富的室内实验，培养学生进行土壤和植物样品室内分析操作的基本技能。更重要的是，带领他们走向野外，在真实具体的自然环境中强化认识地球表层区域性土壤与植被特征与相关规律。例如，在野外样地样方的设置、生境条件观察描述、标本/样品采集和保存、室内标本/样品处理、镜检、分类鉴定和数据分析、实践报告撰写等诸多环节，都设置有相关的学习和实践内容，让同学们在身体力行的探索过程中深入理解掌握土壤与植物地理学知识。

本指导书是在第一版的基础上，结合当前学科发展的现状，补充完善了土壤样品的采集与制备、土壤含水量的测定、土壤有机质的测定等实验，增加了土壤动物的提取与观察、土壤剖面挖掘与观察实验，并对第一版中存在的错误进行了校正。全书分为实验和实习两部分。实验部分共编入 18 个实验，每个实验包括实验目的、实验内容、仪器和用品、实验原理、实验步骤、注意事项、作业与思考共 7 个部分。所有的实验与实习都是编著者在长期教学实践的基础上确定的，具有较强的可操作性。实习部分，主要以广东省罗浮山为野外实践教学基地，以多年来进行的土壤与植物地理实习的资料为基础，结合编著者野外实习的教学指导经验总结而成。

本书的第一、四章由徐国良老师编写，第二、三、五章由方碧真老师编写，曹峥老师协助全书整理，邱霓老师提供了部分基础资料。整个编写和出版工作得到了国家自然科学基金项目（42471490）和广州市高等教育教学质量与教学改革工程项目（2023KCJJD003）的资助，还得到了广州大学俞方圆老师的积极帮助，在此一并致以衷心的感谢！

土壤与生物地理学内涵丰富，由于作者水平与经验有限，书中内容难免存在疏漏或错误之处，敬请读者批评指正。

编著者

2024 年 10 月

目 录

第一部分 土壤与植物实验

第一章 土壤实验 (3)
- 实验一 土壤样品的采集与制备 (3)
- 实验二 土壤含水量的测定 (5)
- 实验三 土壤酸碱度的测定 (6)
- 实验四 土壤机械组成的测定 (8)
- 实验五 土壤容重、比重的测定和孔隙度的计算 (11)
- 实验六 土壤有机质的测定 (14)
- 实验七 土壤速效氮的测定 (18)
- 实验八 土壤速效磷的测定 (20)
- 实验九 土壤速效钾的测定 (23)
- 实验十 土壤动物的提取与观察 (25)
- 实验十一 土壤剖面挖掘与观察 (27)

第二章 植物实验 (33)
- 实验一 植物细胞和组织的观察 (33)
- 实验二 植物根、茎、叶的形态特征观察 (36)
- 实验三 植物花、果实的形态特征观察 (44)
- 实验四 植物类群辨识 (49)
- 实验五 植物检索表的使用练习 (55)
- 实验六 植物主要科属种的观察——校园植物识别 (56)
- 实验七 植物与环境相互关系的野外观察 (60)

第二部分 罗浮山土壤与植物地理实习

第三章 广东省罗浮山自然地理概况 ……………………………………………… (65)
 一、地理位置 ………………………………………………………………… (65)
 二、地质地貌特征 …………………………………………………………… (65)
 三、气候特征 ………………………………………………………………… (68)
 四、水文特征 ………………………………………………………………… (68)
 五、土壤特征 ………………………………………………………………… (69)
 六、植物区系特征与植被类型 ……………………………………………… (69)

第四章 广东省罗浮山土壤地理野外实习 ……………………………………… (77)
 一、土壤地理的实习目的与任务 …………………………………………… (77)
 二、土壤地理实习的准备工作 ……………………………………………… (77)
 三、土壤地理的实习内容与方法 …………………………………………… (77)
 四、土壤地理实习报告的内容与要求 ……………………………………… (86)

第五章 广东省罗浮山植物地理野外实习 ……………………………………… (87)
 一、植物地理的实习目的与任务 …………………………………………… (87)
 二、植物地理实习的准备工作 ……………………………………………… (87)
 三、植物地理实习的内容与方法 …………………………………………… (87)
 四、植物地理实习报告的内容与要求 ……………………………………… (93)

附录一 罗浮山典型植被与主要土壤类型 ……………………………………… (95)

附录二 广东省罗浮山维管植物名录 …………………………………………… (99)

主要参考文献 ……………………………………………………………………… (155)

第一部分
土壤与植物实验

第一章 土壤实验

土壤是地球陆地表面具有一定肥力且能生长植物的疏松层。它是自然环境中各种地理要素相互作用的产物,也成为自然地理环境的一个重要组成要素。土壤以不完全连续的状态存在于地球陆地的表层,是整个地球表层无机界和有机界相结合的纽带,也是联系自然地理环境其他要素的关键环节。

为了加深学生对土壤地理学科理论知识的理解,培养学生实践观察与分析土壤的技能,配合地理科学专业相关课程的教学需要,针对土壤的物理性质、化学和生物性质的室内分析,本章共编制了11个实验。

实验一 土壤样品的采集与制备

一、实验目的

(1)初步掌握土壤样品的采集方法和基本过程。
(2)基本掌握土壤样品处理、制备与保存方法。

二、实验内容

(1)土壤样品的采集。
(2)土壤样品的制备。

三、实验仪器和用品

小铁铲(小土铲)、标签、油性记号笔、土壤样品袋、编织袋、圆木棍、平木板、标准筛(2mm,0.25mm)、牛皮纸、镊子、电子天平、封口袋、广口瓶等。

四、实验原理

略。

五、实验步骤

(一)土壤样品的采集

本次样品采集是为测定土壤含水量、土壤pH值、土壤机械组成、土壤有机质含量等土基本理化性质而准备实验材料。因此,采集的样品为单一层次混合土壤样品。当我们只研究耕作层土壤或自然表层土壤(一般厚度为15~20cm)基本理化性质时,一般不需要进行土壤剖面的挖掘工作,仅需采集具有代表性的表层土壤样品即可。每个样品一般由多点(5~20点)采集混合而成,即在某个采样地块上多点采土,混合后成为一个样或混合均匀后取出一部分成为一个样,以减少土壤异质性的影响,提高土壤样品的代表性。

(1)采样点的选择。选择有代表性的采样地块,地块上每个采样点最好地形基本一致,植物生长表现基本相同。实际工作中,采样点分布应尽量照顾到地块土壤的全面情况,不可太集中,一般采用对角线或"S"形(或称为蛇形)布点法。

(2)采样方法。在确定的采样点上,先用小土铲轻轻去除表层枯枝落叶、青苔及草被,然后倾斜向下切取一片片的土壤(图1-1)。将各采样点土样集中一起混合均匀,采用四分法取出1kg左右土壤装入土壤样品袋,带回实验室处理。

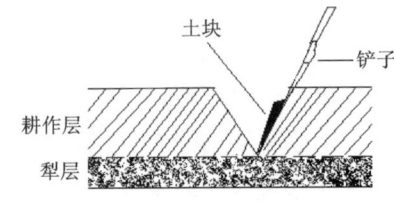

图1-1 土壤采样图

(二)土壤样品的处理与制备

(1)土壤分样。从野外采回来的土壤样品应及时进行初步处理,以免性质发生变化,影响实验结果。由于部分土壤理化指标(如含水量、硝态氮、亚铁等)测定需用到新鲜土样,而其他理化指标测定只需用风干土样即可。因此,一般情况下将1kg土样均分为2袋,其中1袋立刻放入0~4℃的冰箱中待用,土壤含水量应及时测定,另1袋进行风干处理。

(2)风干处理。将新鲜土壤平铺于干净的牛皮纸上,弄成碎块,摊成薄层(厚约2cm),放在室内阴凉通风处自行干燥,应常常翻动加速干燥。切忌阳光直接暴晒,防止酸、碱、蒸气以及尘埃等污染。每一个土壤样品都应事前作好标记。用镊子仔细挑出自然风干土样内的植物残体后,充分混匀。

(3)样品制备。称取已风干处理好的土壤样品100~200g放在平木板上,用圆木棍碾压,然后让土壤通过10目标准筛(国际制2mm筛孔),留在筛上的土粒倒在木板上继续碾压,如此反复,直到所有风干土壤样品全部过筛。留在筛子上的砾石称重后保存。过筛的土壤样品混合均匀后,储存于广口瓶内,贴上标签备用(用于土壤pH值、土壤机械组成等理化指标测定)。

从上述已制备好的过筛土样中取出约50g,进一步仔细拣出微小植物残体、细根和石粒等,将其置于研钵中反复研磨,使其全部通过60目筛(国际制0.25mm筛孔),混合均匀后装入封口袋,贴上标签备用(用于测定土壤有机质等)。

六、注意事项

(1)户外作业,务必作好个人防护,着长衣(袖套)长裤、运动鞋等。

(2)野外取土壤样品时应避开路边、地角和堆积过肥料的地方。

七、作业与思考

(1)完成实验报告。

(2)决定土壤取样方法的因素有哪些?

实验二 土壤含水量的测定

土壤由固相、液相和气相组成,其中液相部分主要为土壤水,它是土壤的重要组成部分。由于土壤在水中溶解了各种养分物质,因此也被称为土壤溶液。土壤水分是土壤生物及地上植物生存和生长的基础,是各种土壤物理、化学和生物过程的重要条件,也是土壤形成和发育过程中的重要影响因素。另外,在实践中,土壤含水量也是影响农业土壤耕作活动的重要指标。因此,了解田间土壤水分状况及其动态变化具有重要的意义。

一、实验目的

初步掌握土壤含水量测定原理和方法。

二、实验内容

烘干法测定土壤含水量。

三、实验仪器和用品

铝盒、烘箱、千分之一电子天平、干燥器、大镊子、滴管、药匙、托盘等。

四、实验原理

土壤是由不同大小的矿物颗粒与有机物质胶结形成的,具有疏松多孔的特性。而土壤水分一般都储存在土壤的孔隙中,也有部分水分与土壤矿物质结合成为矿物的一部分。根据土壤水分的存在状态,一般情况下可以将土壤水分为自由水和化学结合态水等。自由水是指存在于土粒表面和土粒间隙(土壤孔隙)中的水,即在105~110℃下可以从土壤中驱离出来的水分。化学结合态水与矿物质结合在一起,成为矿物分子的一部分,一般需要很高的温度(600℃以上)才能使其重新脱离矿物质。因此,在测定土壤含水量时不包括化学结合态水部分,仅指土壤自由水部分。

根据土壤水分存在状态,我们可以采用物理气化的方法将土壤中的自由水驱离土壤固相部分,而高温加热的方法就可以简单地完成这个过程。然后通过计算干燥前后土壤样品的质量变化,以烘干土壤样品质量为相对统一的计算基础,就可以测得土壤含水量。

五、操作步骤

(1)将已经清洗干净的铝盒(带盖)放入40~60℃烘箱中烘1h,冷却后编号并称重(精确到0.001g)。

(2)称取约50g(精确到0.001g)土壤样品,放入已知质量的铝盒中,放入烘箱,在105~110℃温度下将土壤样品烘6~24h至恒重;取出铝盒,并快速放入准备好的干燥器中,冷却至室温(20min左右),将铝盒取出,盖好盒盖,称重(精确到0.001g)。

(3)将铝盒中的土壤倒入土壤废弃桶中,然后将铝盒清洗干净,并置于40~60℃烘箱中烘干,以备下次使用。

(4)结果计算。计算公式如下:

$$W = \frac{g_1 - g_2}{g_2 - g_0} \times 100$$

式中:W——土壤含水量(%);

g_0——铝盒质量(g);

g_1——铝盒+湿土质量(g);

g_2——铝盒+烘干土质量(g)。

六、注意事项

(1)烘箱温度设置不要超过110℃,质地较轻的土壤干燥时间5~6h。

(2)烘干法使用烘箱时,请戴帆布手套或棉手套隔热,以防烫伤。

(3)干燥器为玻璃干燥器,请小心使用避免受伤。

(4)干燥器内的干燥剂(变色硅胶或氯化钙)要经常更换和处理。

(5)请正确使用天平,称样质量不要超过天平最大量程的90%。

(6)请自觉维护好实验秩序和实验室环境,严格按照要求使用实验室器具,实验前认真阅读实验须知。

七、作业与思考

(1)完成实验报告。

(2)土壤含水量的多少受哪些因素影响?

实验三 土壤酸碱度的测定

氢离子浓度指数(pH值)是指溶液中H^+浓度的负对数,常用于表示水溶液的酸碱程度。土壤pH值是土壤酸碱度的强度指标,是土壤的基本性质和肥力的重要影响因素之一。它直接影响土壤养分的存在状态、转化效率和有效性,从而影响植物的生长发育。

我国幅员辽阔,土壤pH值变异较大。一般南方地区土壤pH值偏低,例如红壤和黄壤pH值常在4~6之间;西北干旱地区土壤pH值范围常在8~9之间;而北方盐碱地土壤pH值常在9以上。土壤pH值易于测定,常用作土壤分类、利用、管理和改良的重要参考指标。在土壤理化分析中,土壤pH值与很多项目的分析方法和分析结果有密切关系,因而是审查其他项目结果的一个依据。

一、实验目的

了解土壤pH值的含义、特征及掌握土壤pH值的测定方法。

二、实验内容

用试纸比色法和电位法测定土壤pH值。

三、实验仪器和用品

pH 值试纸、白瓷板、牛角匙、玻璃棒、胶头滴管、标准色卡、天平、滤纸、50mL 高型烧杯、100mL 量筒、pH 计等。

四、实验原理

（一）pH 值试纸比色法

pH 值试纸在不同 pH 值溶液中显示不同的颜色，根据其颜色变化，与标准比色卡比照，即可确定溶液的 pH 值大小。比色法便于野外测定，但准确度低（±0.5）。

（二）电位法

以电位法测定土壤溶液 pH 值，通用 pH 值玻璃电极为指示电极、甘汞电极为参比电极。此二电极插入待测液时构成一电池反应，其间产生一个电位差，因参比电极的电位是固定的，故此电位差之大小取决于待测液的 H^+ 浓度或其负对数 pH 值。因此可用电位计测定电动势。再换算成 pH 值，一般用 pH 计可直接测读 pH 值。电位法多用于实验室，具有准确（±0.02）、快速、方便等优点。

五、实验步骤

（一）pH 值试纸比色法

在白瓷板孔内（室内要保持清洁干燥，野外可用待测土壤擦拭），放入少许（黄豆粒大小）待测土壤，用滴管加蒸馏水 1~2 滴（土：水约为 1：2.5），使得土壤充分湿润且水分稍有盈余，用玻璃棒轻轻搅拌磨碎，然后静置 2min，等上层液体澄清，将玻璃棒沾少许上清液，再沾 pH 值试纸，与比色卡比较，确定土壤 pH 值。

（二）电位测定法

1. 制备待测液

称取已过 1~2mm 筛的风干土样 10.00g（精确至 0.01g）于 50mL 高型烧杯中，加入 25mL 蒸馏水，用玻璃棒搅动 2min，静置 30min。

2. 仪器校准

打开电源开关，仪器进入 pH 值测量状态；按"温度"键，使仪器进入溶液温度调节状态，按上下调节键，使显示温度与溶液温度相同，然后按"确认"键，仪器确认溶液温度值后回到 pH 值测量状态。

(1)定位校准：用装有蒸馏水的洗瓶冲洗数遍 pH 值电极，然后用滤纸条吸干水分。将

pH值复合电极浸入 pH 值 6.86 标准缓冲溶液中,待测量值稳定后,观察示数(温度 25℃时 pH 值应为 6.86)。如果显示的不是 6.86,则需按定位按钮(上下任意键)进行定位,待示数显示为 6.86,按"确定",完成碱标定位。移出电极,用装有蒸馏水的洗瓶冲洗数遍,然后用滤纸条吸干水分。

(2)斜率校准:在"斜率"标定状态下,将复合电极浸入 pH 值 4.00 标准溶液中,待测量值稳定后,按"确定",完成酸标定位,然后再按"确认"键,仪器自动进入 pH 值测量状态。移出电极,用装有蒸馏水的洗瓶冲洗数遍,然后用滤纸条吸干水分。

如有必要,重复上面两个步骤,直到读数稳定为止。

3. 测定

将 pH 值复合电极浸入制备好的待测土壤上清液中,轻轻晃动,待屏幕显示数值稳定后,记录显示的数值,此为该土壤 pH 值。然后移出电极,用装有蒸馏水的洗瓶冲洗数遍,然后用滤纸条吸干水分,准备测定下一个土壤样品 pH 值。

六、注意事项

(1)土水比的影响:一般土壤悬液愈稀,测得的 pH 值愈高,尤以碱性土的稀释效应较大。为了便于比较,测定 pH 值的土水比应当固定,一般采用 1∶2.5 土水比进行测定。

(2)待测土样不宜磨得过细,宜用通过 1~2mm 筛的土样测定。

(3)复合电极的外参比补充液为 $3mol \cdot L^{-1}$ 氯化钾溶液,补充液可以从电极上端小孔加入,复合电极不使用时,盖上橡皮塞,防止补充液干涸。

(4)取下复合电极护套时,应避免电极的敏感玻璃泡与硬物接触,因为任何破损或擦毛都会使电极失效。

七、作业与思考

(1)编写实验报告。

(2)比色法和电位法测土壤 pH 值在操作方法、应用范围和精度上有何差别?

实验四 土壤机械组成的测定

土壤由粒径粗细不一、形状和组成各异、不同比例的颗粒(土粒)组成,一般分为石砾、砂粒、粉粒和黏粒 4 级。以土壤中各种粒径颗粒的百分比组成作为土壤类型划分的标准,叫作土壤质地分类,又名土壤机械组成分类。

测定土壤机械组成,就是测定不同直径土壤颗粒的组成,进而确定土壤质地。土壤机械组成在土壤形成和土壤的农业利用中具有重要意义。土壤质地直接影响着土壤的水、肥、气、热的保持和运动,并与作物的生长发育有着密切的关系。

土壤机械组成测定方法很多。在野外因仪器、药品携带不方便,所以常用揉条法。在室内则采用吸管法、比重计法及激光法等。吸管法和比重计法以土壤颗粒在液体介质中沉降速度的差异为基础,采用直接吸取溶液或测定比重的方法确定土壤颗粒粒径分布。其中吸管法比较烦琐,耗时久,但精确度高;比重计法操作较简便,结果也比较准确。激光法利用光速遇颗粒阻挡发生反射原理,对颗粒粒径分布进行测量。该方法简单、方便、快捷,而且精确度和重现性较好。

本实验运用比重计法,依据 Stokes 定律,测定粒径小于 2mm(过 2mm 筛)土壤的机械组成。通过实验了解土壤机械组成的性质、等级分类,掌握分析土壤机械组成的简单方法。

一、实验目的

应用比重计法测定土壤中不同粒径颗粒的组成比例及分布,确定待测土壤机械组成。

二、实验原理

土壤机械组成分析原理,就是把土粒按其粒径大小分成若干类,并定出各类的量,从而得出土壤的机械组成。对于粒径大于 2mm 颗粒,一般采用过筛的方法分离(2mm 筛)并称重。对于粒径较小(<2mm)的土粒,其分析原理是,先用分散剂将其充分分散,再使其在一定容积的溶液介质中自由沉降,根据土粒沉降的速度,区分测定不同粒级含量的多少。这一过程依据的是物理学上的 Stokes 定律:

$$v = \frac{2}{9} g r^2 (d - d_1) / \eta$$

式中:v ——颗粒在介质中的沉降速度(cm/s);

g ——重力加速度(980cm/s^2);

r ——颗粒半径(cm);

d ——颗粒密度(土粒平均密度为 2.65g·cm^{-3});

d_1——介质密度(g·cm^{-3});

η ——介质的黏滞系数(g/cm·s)。

在特定条件下,d、d_1、η 均为可知数,因此,

$$v \propto r^2$$

土粒下降的速度与其粒径的平方成正比,土粒愈大沉降速度愈快,依据这个规律,就可以定义开始下降后,在不同时刻仍悬浮在溶液介质中土粒的粒径。

比重计法测量的即是悬浮于溶液中的土粒质量。比重计所排开的悬液质量等于其自身质量时,它就悬停在某一深度上,据此可指示悬液中土粒的密度,再根据容器的容积就可以换算出悬液中土粒的质量。专门设计的甲种比重计及配套容器可直接在比重计标尺上读取悬液中的土粒质量。由于溶液介质的温度会影响黏滞系数,而甲种比重计的刻度是以 20℃液温为标准制作的,因此,每次测量后根据实际液温对比重计读数进行校正。

三、实验内容

用比重计法测定土壤机械组成。

四、实验仪器和用品

1000mL量筒、搅拌棒、甲种比重计、土壤筛、天平、三角烧瓶、温度计、化学分散剂(氢氧化钠或草酸钠或六偏磷酸钠)、充足的蒸馏水、废液烧杯等。

五、实验步骤

(一)样品分散

(1)用天平准确称取过2mm筛的风干土壤样品10～20g(通常黏土用10g,其他质地20g或更多),置于500mL三角烧瓶中,加少量蒸馏水湿润土样,然后加入过氧化氢(H_2O_2)20mL,用玻璃棒搅拌,使有机质充分与H_2O_2反应,反应过程中会产生大量气泡,为防止样品溢出可加异戊醇消泡。过量H_2O_2用加热方法去除。

(2)根据土壤pH值加入一定量的分散剂,再加入蒸馏水250mL,并振荡1min,充分破坏土壤团聚体结构(一般,酸性土壤:加0.5mol·L^{-1}氢氧化钠40mL;中性土壤:加0.25mol·L^{-1}草酸钠20mL;碱性土壤:加0.5mol·L^{-1}六偏磷酸钠60mL)。

(二)制备悬浊液

将在三角烧瓶中充分振荡分散的土壤及液体倒入1000mL量筒中,并多次用蒸馏水冲洗三角烧瓶,将冲洗的液体倒入量筒,直至将瓶中土壤完全转移至量筒。最后用蒸馏水定容至1000mL。

(三)测定悬液比重

用搅拌棒上下搅拌量筒中的悬液30次,使土粒全部悬浮并混合均匀,取出搅拌棒,从搅拌棒离开液面开始计时,分别在1min和2h放入甲种比重计读取读数。需要注意的是:①若液面有气泡,可滴加异戊醇消泡;②比重计要在规定测定时间前15s左右轻轻放入悬液中,不可贴到量筒壁,待稳定后,到达预定时间立即读数;③每次读数后,要立即测液温,再根据表1-1校正。

表1-1 甲种比重计温度校正表

温度/℃	校正值	温度/℃	校正值	温度/℃	校正值	温度/℃	校正值
6.0～8.5	−2.2	16.5	−0.9	22.5	+0.8	28.5	+3.1
9.0～9.5	−2.1	17.0	−0.8	23.0	+0.9	29.0	+3.1
10.0～10.5	−2.0	17.5	−0.7	23.5	+1.1	29.5	+3.5
11.0	−1.9	18.0	−0.5	24.0	+1.3	30.0	+3.7
11.5～12.0	−1.8	18.5	−0.4	24.5	+1.5	30.5	+3.8
12.0	−1.7	19.0	−0.3	25.0	+1.7	31.0	+4.0

续表 1-1

温度/℃	校正值	温度/℃	校正值	温度/℃	校正值	温度/℃	校正值
13.0	−1.6	19.5	−0.1	25.5	+1.9	31.5	+4.2
13.5	−1.5	20.0	0	26.0	+2.1	32.0	+4.6
14.0～14.5	−1.4	20.5	+0.15	26.5	+2.2	32.5	+4.9
15.0	−1.2	21.0	+0.3	27.0	+2.5	33.0	+5.2
15.5	−1.1	21.5	+0.45	27.5	+2.6	33.5	+5.5
16.0	−1.0	22.0	+0.6	28.0	+2.9	34.0	+5.8

（四）结果计算

根据以下公式计算出的值，由土壤质地三角表查出土壤样品的质地类型。

$$砂粒所占比例(\%) = \frac{样品质量 - 1\min 读数}{样品量} \times 100\%$$

$$粉粒所占比例(\%) = \frac{1\min 读数 - 2h 读数}{样品质量} \times 100\%$$

$$黏粒所占比例(\%) = \frac{2h 比重计读数}{样品质量} \times 100\%$$

六、注意事项

(1) 若液面有气泡，可滴加异戊醇消泡。

(2) 比重计要在规定测定时间前 15s 左右轻轻放入悬液中，不可贴到量筒壁，待稳定后，到达预定时间立即读数。

(3) 每次读数后，要立即测液温，再根据表 1-1 校正。

七、作业与思考

编写实验报告（包括土壤机械组成的测定方法、原理和步骤，计算结果和分析）。

实验五　土壤容重、比重的测定和孔隙度的计算

一、实验目的

通过实验进一步了解土壤的容重、比重和孔隙度物理性质，掌握测定和计算土壤容重、比重和孔隙度的方法。

二、实验内容

用环刀法测定土壤的容重，用比重瓶法测定土壤的比重；根据土壤的容重及比重计算出

土壤的孔隙度。

三、实验仪器和用品

土壤环刀、分析天平、烘箱、比重瓶、烧杯、电砂浴或电热板。

四、实验原理

(一)比重的测定

土壤比重又称真比重,是指单位体积的固体土粒质量与同体积的水质量之比。土壤比重可用来计算土壤的总孔隙度,其数值大小还可间接反映土壤的矿物组成和有机质含量。

通常使用比重瓶法,根据排水称重的原理,将已知质量的土样放入容积一定的盛水比重瓶中,完全去除空气后,固体土粒所排出的水体积即为土粒的体积,以此去除土粒干重即得土壤比重。

(二)土壤容重的测定(环刀法)

土壤容重又叫土壤的假比重,是指田间自然状态下,每单位土壤体积的干土质量,通常用克·厘米$^{-3}$($g·cm^{-3}$)表示。土壤容重除用来计算土壤总孔隙度外,还可用于估计土壤的松紧和结构状况。

用一定容积的钢制环刀,切割自然状态下的土壤,使土壤恰好充满环刀容积,然后称量,并用环刀容积去除烘干土重,得到每单位自然土壤体积的干土重,即土壤容重。

(三)土壤总孔隙度

土壤总孔隙度是指自然状态下,土壤中孔隙的体积占土壤总体积的百分比。土壤孔隙度不仅影响土壤的通气状况,而且反映土壤松紧度和结构状况的好坏。

土壤总孔隙度一般不直接测定,而是用比重和容重计算求得。

五、实验步骤

(一)比重的测定

(1)称取通过1mm筛孔相当于10g烘干土的风干土样,倒入比重瓶中,再注入少量蒸馏水(约为比重瓶的1/3),轻轻摇动使水土混匀,再放在沙浴上煮沸,不时摇动比重瓶,以去除土样和水中的空气。

(2)煮沸半小时后取下冷却,加煮沸后的冷蒸馏水,充满比重瓶上端的毛细管,在精度为1/1000的天平上称重,设为Bg。

(3)将比重瓶内的土倒出,洗净比重瓶,然后将煮沸的冷蒸馏水注满比重瓶,盖上瓶塞,擦干瓶外水分,称重为Ag。

（4）结果计算：

$$土壤比重 = \frac{干土质量(g)/固体土粒体积(cm^3)}{水的密度(1g·cm^{-3})}$$

$$= \frac{干土质量(10g)}{干土(10g)排出的水的体积(cm^3)}$$

$$= \frac{10}{(10+A)-B}$$

（二）土壤容重的测定（环刀法）

(1) 在室内先称量环刀（连同底盘、垫底滤纸和顶盖）的质量，环刀容积一般为 $100cm^3$。

(2) 将已称量的环刀带至田间采样。采样前，将采样点土面铲平，去除环刀两端的盖子，再将环刀（刃口端向下）平稳压入土中，切忌左右摆动，在土柱冒出环刀上端后，用铁铲挖周围土壤，取出充满土壤的环刀，用锋利的削土刀削去环刀两端多余的土壤，使环刀内的土壤体积恰为环刀的容积。在环刀刃口一端垫上滤纸，并盖上底盖，环刀上端盖上顶盖。擦去环刀外的泥土，立即带回室内称重。

(3) 在紧靠环刀采样处，再采土 10～15g，装入铝盒带回室内测定土壤含水量。

(4) 结果计算：

① $环刀内干土质量(g) = \dfrac{100}{100+土壤含水量(\%)} \times 环刀内湿土质量(g)$

② $土壤容重(g/cm^3) = \dfrac{环刀内干土质量(g)}{环刀容积(100cm^3)}$

（三）土壤孔隙度的计算

$$土壤总孔隙度(\%) = \left(1 - \frac{容重}{比重}\right) \times 100$$

如果未测定土壤比重，可采用土壤比重的平均值 2.65 来计算，也可直接用土壤容重（dv）通过经验公式，计算出土壤的孔隙度 P_1。

经验公式 $P_1(\%) = 93.947 - 32.995 \cdot dv$

为方便起见，可按上述公式计算出常见土壤容重范围的土壤总孔隙度查对表（表 1-2）。

查表举例： $dv = 0.87$ 时　$P_1 = 65.24\%$；
　　　　　$dv = 1.72$ 时　$P_1 = 37.20\%$。

表 1-2　土壤总孔隙度查对表　　　　　　　　单位：%

P_1 \ dv	0.00	0.01	0.02	0.03	0.04	0.05	0.06	0.07	0.08	0.09
0.7	70.85	70.52	70.19	69.86	69.53	69.20	68.87	68.54	68.21	67.88
0.8	67.55	67.22	66.89	66.56	66.23	65.90	65.57	65.24	64.91	64.58
0.9	64.25	63.92	63.59	63.26	62.93	62.60	62.27	61.94	61.61	61.28
1.0	60.95	60.62	50.29	59.96	59.63	59.30	58.97	58.64	58.31	57.88

续表1-2

P_1 \ dv / dv	0.00	0.01	0.02	0.03	0.04	0.05	0.06	0.07	0.08	0.09
1.1	57.65	57.32	56.99	56.66	56.33	56.00	55.67	55.34	55.01	54.68
1.2	54.35	54.02	53.69	53.36	53.03	52.70	52.37	52.04	51.71	51.38
1.3	51.05	50.72	50.39	50.06	47.73	49.40	49.07	48.74	48.41	48.08
1.4	47.75	47.42	47.09	46.76	46.43	46.10	45.77	45.44	45.11	44.79
1.5	44.46	44.43	43.80	43.47	42.14	42.81	42.48	42.12	41.82	41.49
1.6	41.16	40.83	40.50	40.17	39.84	39.51	39.18	38.85	38.52	38.19
1.7	37.86	37.53	37.20	36.87	36.54	36.21	35.88	35.55	35.22	34.89

六、注意事项

含活性胶体或可溶性盐较多的土壤,因黏滞水或盐分的影响,会使结果偏大,要用非极性液体代替蒸馏水,试样先烘至恒重,用真空抽气代替煮沸。

七、作业与思考

(1)编写实验报告(包括简述土壤容重、比重、孔隙度的测定方法和步骤,计算出结果并进行分析)。

(2)计算和比较自然状态下土壤的容重、比重、孔隙度、孔隙比、质量含水量、容积含水量、饱和度。

实验六　土壤有机质的测定

一、实验目的

了解土壤有机质测定的基本原理;掌握土壤有机质测定的基本方法。

二、实验内容

(1)重铬酸钾容量法测定土壤有机质。
(2)TOC分析法测定土壤有机质。

三、实验仪器和用品

(一)重铬酸钾容量法

1. 仪器和用品

100mL磨口三角烧瓶(或硬质试管)、电热板(或油浴锅)、电子天平、移液枪、简易冷凝管(或弯颈小漏斗)。

2. 试剂

(1) 重铬酸钾标准溶液[$c(1/6\ K_2Cr_2O_7) = 0.800\ 0\text{mol} \cdot \text{L}^{-1}$]：39.224 5g 重铬酸钾（分析纯，130℃，烘 3h）加 400mL 水，加热溶解，冷却定容至 1L。

(2) 硫酸亚铁溶液[$c(FeSO_4) = 0.2\text{mol} \cdot \text{L}^{-1}$]：56.00g 硫酸亚铁（$FeSO_4 \cdot 7H_2O$，化学纯），溶于水，加 15mL H_2SO_4，用水定容至 1L。

(3) 邻啡罗啉指示剂：1.485g 邻啡罗啉（$C_{12}H_8N_2 \cdot H_2O$）及 0.695g 硫酸亚铁（$FeSO_4 \cdot 7H_2O$，化学纯）溶于 100mL 蒸馏水中，贮于棕色瓶中。

(4) 浓硫酸（H_2SO_4，$\rho = 1.84\text{g} \cdot \text{cm}^{-3}$，化学纯）。

（二）TOC 分析法

1. 仪器和用品

TOC 仪、陶瓷舟、千分之一天平、移液枪、胶头滴管、高型烧杯（50mL）、60 目土壤筛、研钵、密封袋（小）、托盘、玻璃棒、刷子、称量纸。

2. 试剂

15% 的 HCl 溶液、$CaCO_3$（分析纯）。

四、实验原理

土壤有机质一般很难直接测定，它是以碳、氢为主形成的一类含碳化合物。通过测定土壤有机物中的碳含量，就可以间接地知道土壤有机质含量。土壤有机质和有机碳间存在较为稳定的转化关系，大量研究结果表明这个转换平均数为 1.724，即土壤有机质约为土壤有机碳的 1.724 倍。因此，我们把 1.724 称为土壤有机质和有机碳间的换算系数。目前，测定土壤有机碳的方法主要有两类：一类是通过高温燃烧法，把有机碳转化为 CO_2，然后通过测定 CO_2 的释放量来确定土壤有机碳含量；另一类是用氧化剂在一定温度下氧化后测定消耗氧化剂的量再换算为有机碳的量。本次实验选用前者。

重铬酸钾法是传统土壤有机质测定的主要方法。原理是在 170～180℃ 条件下，用过量的标准重铬酸钾的硫酸溶液氧化土壤有机质（碳），剩余的重铬酸钾以硫酸亚铁溶液滴定，从所消耗的重铬酸钾量计算有机质含量。测定过程的化学反应式如下：

$$2K_2Cr_2O_7 + 3C + 8H_2SO_4 \longrightarrow 2K_2SO_4 + 2Cr_2(SO_4)_3 + 3CO_2 + 8H_2O$$

$$K_2Cr_2O_7 + 6FeSO_4 + 7H_2SO_4 \longrightarrow K_2SO_4 + Cr_2(SO_4)_3 + 3Fe_2(SO_4)_3 + 7H_2O$$

利用 TOC 仪进行土壤有机质测定是现代更为便捷、准确的方法。不过，通常土壤有机碳仅是土壤碳的有机部分，土壤中还含有部分无机碳，而且不同土壤中无机碳含量差异很大。如果采用高温燃烧法，土壤无机碳就会给实验结果带来误差。为了消除土壤无机碳对测定结果的干扰，一般在测定土壤有机碳前需要对待测土壤进行预处理。本实验先用 15% 的 HCl

对土壤进行预处理,除去土壤中的无机碳(CO_3^{2-},HCO_3^-),然后再用 TOC 仪进行测定,通过 1100℃的高温氧化,使有机碳转化为 CO_2,通过测定土壤样品释放 CO_2 的量得到土壤中有机碳的含量,进而算出土壤有机质的含量。

五、实验步骤

(一)重铬酸钾容量法

(1)准确称取通过 0.25mm 筛孔的风干土样 0.100～0.500g,倒入干燥硬质玻璃试管中,加入 0.800 0mol·L^{-1}(1/6 $K_2Cr_2O_7$)5.00mL,再用注射器注入 5mL 浓硫酸,小心摇匀,管口放一小漏斗,以冷凝蒸出的水汽。试管插入铁丝笼中。

(2)预先将热浴锅(石蜡或磷酸)加热到 180～185℃,将插有试管的铁丝笼放入热浴锅中加热,待试管内溶液沸腾时开始计时,煮沸 5min,取出试管,稍冷,擦去试管外部油液。消煮过程中,热浴锅内温度应保持在 170～180℃。

(3)冷却后,将试管内溶液小心倾入 250mL 三角瓶中,并用蒸馏水冲洗试管内壁和小漏斗,洗入液的总体积应控制在 50mL 左右,然后加入邻菲罗啉指示剂 3 滴,用 0.1mol·L^{-1} $FeSO_4$ 滴定溶液,先由黄色变绿色,再突变到棕红色时即为滴定终点(要求滴定终点时溶液中 H_2SO_4 的浓度为 1～1.5mol·L^{-1})。

(4)测定每批(即上述铁丝笼中)样品时,以灼烧过的土壤代替土样做 2 个空白试验。

(5)结果计算:

$$土壤有机质(\%) = \frac{\frac{0.800\ 0 \times 5.00}{V_0}(V_0-V) \times 0.003 \times 1.724 \times 1.1}{烘干土质量} \times 100$$

式中:V_0——滴定空白时所用 $FeSO_4$ 体积(mL);

V——滴定土样时所用 $FeSO_4$ 体积(mL);

0.800 0——1/6 $K_2Cr_2O_7$ 标准溶液的浓度(mol·L^{-1});

5.00——所用 $K_2Cr_2O_7$ 体积(mL);

0.003——碳毫摩尔质量 0.012 被反应中电子得失数 4 除得 0.003;

1.724——有机质含碳量平均为 58%,故测出的碳转化为有机质时的系数为 100/58≈1.724;

1.1——校正系数。

(二)TOC 分析法

1. 土壤预处理

(1)去除无机碳:取 60 目土壤筛后的土样 5g 左右于 50mL 高型烧杯中,用胶头滴管缓缓滴加 5～10mL 的 15% HCl 至土样中,用玻璃棒搅拌均匀,静置约 3h 使其充分反应。

(2)烘干:将用 HCl 处理过的土样置于烘箱中,60℃加热 3～5h,使土壤样品完全干燥。

(3)制备土壤样品:将烘干好的土样研磨过 60 目筛,装入密封袋中备用。

2. 土壤有机碳测定

(1)称样:用精度为千分之一克的天平称取完成预处理并过筛好的土样 0.500~1.000g(根据土样具体情况而定),小心将土壤样品平铺在干净的陶瓷舟中。

(2)标准曲线的测定:称取一定量的分析纯碳酸钙,分别放入干净的陶瓷舟中,放入已经预热的 TOC 仪上,制备标准曲线。

(3)上机测试:将准备好的陶瓷舟放入 TOC 仪中,按步骤完成测定,记录测试结果。

3. 结果计算

根据仪器测试结果乘以转换系数 1.724,即为土壤中有机质的含量。

(三)药品配制

(1) $0.8000 \text{mol} \cdot \text{L}^{-1}$ ($1/6\ K_2Cr_2O_7$) 标准溶液。将 $K_2Cr_2O_7$(分析纯)先在 130℃烘干 3~4h,称取 39.225 0g,在烧杯中加蒸馏水 400mL 溶解(必要时加热促进溶解),冷却。

(2) $0.1 \text{mol} \cdot \text{L}^{-1} FeSO_4$ 溶液。称取化学纯 $FeSO_4 \cdot 7H_2O$ 56g 或 $(NH_4)_2SO_4 \cdot FeSO_4 \cdot 6H_2O$ 78.4g,加 $3 \text{mol} \cdot \text{L}^{-1}$ 硫酸 30mL 溶解,加水稀释定容到 1L,摇匀备用。

(3)邻菲罗啉指示剂。称取硫酸亚铁 0.695g 和邻菲罗啉 1.485g 溶于 100mL 水中,此时试剂与硫酸亚铁形成棕红色络合物 $[Fe(C_{12}H_8N_3)_3]^{2+}$。

(四)土壤有机质含量参考指标(表1-3)

表1-3 土壤有机质含量参考指标

土壤有机质含量/%	丰缺程度
≤0.6	极低
0.6~1	低
1~2	较低
2~3	中
3~4	高
>4	极高

六、注意事项

(一)重铬酸钾容量法

(1)含有机质 4%者,称土样 0.1g;含有机质 2%~3%者,称土样 0.3g;少于 2%者,称土样 0.5g 以上。若待测土壤有机质含量大于 15%,氧化不完全,不能得到准确结果。因此,应用固体稀释法进行弥补。方法是:将 0.1g 土样与 0.9g 高温灼烧已去除有机质的土壤混合均匀,再进行有机质测定,按取样 1/10 计算结果。

(2)测定石灰性土壤样品时,必须慢慢加入浓 H_2SO_4,以防止由 $CaCO_3$ 分解而引起的激烈发泡。

(3)消煮时间对测定结果影响极大,应严格控制试管内或烘箱中三角瓶内溶液沸腾时间为 5min。

(4)消煮的溶液颜色,一般应是黄色或黄中稍带绿色。如以绿色为主,说明重铬酸钾用量不足。若滴定时消耗的硫酸亚铁量小于空白用量的 1/3,可能氧化不完全,应减少土样重做。

(二)TOC 分析法

(1)土壤样品预处理需充分反应,以去除土壤中的无机碳。

(2)待测土壤中土壤有机碳含量应该在标准曲线碳含量的范围内,如果超过很多则需要重新称样测定。

(3)土壤样品测定前和测定后,一定要将陶瓷舟清洗干净。

七、作业与思考

(1)编写实验报告要求:①简述土壤有机质测定的原理和步骤;②计算土壤有机质含量。

(2)用重铬酸钾测定土壤有机质含量,整个反应过程如何?写出测定过程中各步的反应式。

(3)测定过程中比较关键的操作有哪些?欲获得准确、可靠的分析结果,操作中应注意什么?

(4)比较同一土壤剖面各层有机质含量有何差异,并说明原因。

实验七 土壤速效氮的测定

一、实验目的

了解土壤速效氮的测定原理;初步掌握测定土壤速效氮的方法步骤;加深对课堂理论知识的理解,并提高实际操作技能。

二、实验内容

测定土壤速效氮。

三、实验仪器和用品

(一)仪器

扩散皿、半微量滴定管(5mL)和恒温箱。

(二)试剂

(1)1.07mol·L^{-1} NaOH：称取 42.8g NaOH 溶于水中，冷却后稀释至 1L。

(2)2% H_3BO_3 指示剂溶液：称取 H_3BO_3 20g，加水 900mL，稍稍加热溶解，冷却后，加入混合指示剂 20mL（0.099g 溴甲酚绿和 0.066g 甲基红溶于 100mL 乙醇中）。然后以 0.1 mol·L^{-1} NaOH 调节溶液至红紫色（pH 值约为 5），最后加水稀释至 1000mL，混合均匀贮于瓶中。

(3)0.005mol·L^{-1} H_2SO_4 标准液：取浓 H_2SO_4 1.42mL，加蒸馏水 5000mL，然后用标准碱或硼砂（$Na_2B_4O_7·10H_2O$）标定之。

(4)碱性甘油：加 40g 阿拉伯胶和 50mL 水于烧杯中，加热至 70~80℃ 搅拌促溶，冷却约 1h，加入 20mL 甘油和 30mL 饱和 K_2CO_3 水溶液，搅匀放冷，离心除去泡沫及不溶物，将清液贮于玻璃瓶中备用。

(5)硫酸亚铁粉：$FeSO_4·7H_2O$（三级）磨细，装入玻璃瓶中，存于阴凉处。

四、实验原理

土壤水解性氮或称碱解氮包括无机态氮（铵态氮、硝态氮）及易水解的有机态氮（氨基酸、酰胺和易水解蛋白质）。用碱液处理土壤时，易水解的有机氮及铵态氮转化为氨，硝态氮则先经硫酸亚铁转化为铵。以硼酸吸收氨，再用标准酸滴定，计算水解性氮含量。

五、实验步骤

(1)称取通过 1mm 筛的风干土样 2g（精确到 0.01g）和硫酸亚铁粉剂 0.2g 均匀铺在扩散皿外室，水平地轻轻旋转扩散皿，使土样铺平。

(2)在扩散皿的内室中，加入 2mL 2% 含指示剂的硼酸溶液，然后在皿的外室边缘涂上碱性甘油，盖上毛玻璃，并旋转之，使毛玻璃与扩散皿边缘完全黏合，再慢慢转开毛玻璃的一边，使扩散皿露出一条狭缝，迅速加入 10mL 1.07mol·L^{-1} NaOH 溶液于扩散皿的外室中，立即将毛玻璃旋转盖严，在实验台上水平地轻轻旋转扩散皿，使溶液与土壤充分混匀，并用橡皮筋固定，随后小心放入 40℃ 的恒温箱中。

(3)24h 后取出，用微量滴定管以 0.005mol·L^{-1} 的 H_2SO_4 标准液滴定扩散皿内室硼酸液吸收的氨量，其终点为紫红色。

(4)另取一扩散皿，做空白试验，不加土壤，其他步骤与有土壤的相同。

(5)结果计算：

$$\text{土壤中水解氮}(mg/kg) = \frac{c \times (V - V_0) \times 14}{W} \times 1000$$

式中：c —— H_2SO_4 标准液的浓度（mol·L^{-1}）；

V —— 样品测定时用去 H_2SO_4 标准液的体积（mL）；

V_0 —— 空白测定时用去 H_2SO_4 标准液的体积（mL）；

14 —— 氮的摩尔质量（g·mol^{-1}）；

1000 —— 换算系数；

W——土壤质量(g)。

(6)土壤水解性氮含量参考指标见表1-4。

表1-4 土壤水解性氮含量参考指标

土壤水解性氮/10^{-6}	等级
<25	极低
25～30	低
30～50	较低
50～100	中等
100～150	高
>150	极高

六、注意事项

在测定过程中碱的种类和浓度、土液比例、水解的温度和时间等因素对测得值的高低都有一定的影响。为了得到可靠、能相互比较的结果，必须严格按照所规定的条件进行测定。

七、作业与思考

编写实验报告(包括简述测定土壤速效氮的原理和分析步骤、作出氮的标准曲线、计算土壤速效氮的含量)。

实验八 土壤速效磷的测定

一、实验目的

了解土壤速效磷的测定原理；初步掌握测定土壤速效磷的主要方法和步骤；加深对课堂理论知识的理解，并提高实际操作技能。

二、实验内容

用碳酸氢钠法和钼锑抗比色法测定土壤速效磷的含量。

三、实验仪器和用品

(一)碳酸氢钠法

1. 仪器

往复式振荡机、分光光度计或光电比色计。

2. 试剂

1) 0.5mol·L^{-1} NaHCO$_3$ 浸提剂（pH 值为 8.5）

称取 42.0g NaHCO$_3$ 溶于 800mL 水中，稀释至 990mL，用 4mol·L^{-1} NaOH 液调节 pH 值至 8.5，然后稀释至 1L，保存于瓶中，如超过 1 个月，使用前应重新校正 pH 值。

2) 无磷活性炭粉

将活性炭粉用 1∶1HCl 浸泡过夜，然后用平板漏斗抽气过滤，用水洗净，直至无 HCl 为止，再加 0.5mol·L^{-1}NaHCO$_3$ 液浸泡过夜，在平板漏斗上抽气过滤，用水洗净 NaHCO$_3$，最后检查至无磷为止，烘干备用。

3) 钼锑抗试剂

称取酒石酸锑钾（KSbOC$_4$H$_4$O$_6$）0.5g，溶于 100mL 水中，制成 5% 的溶液。

另称取钼酸铵 20g 溶于 450mL 水中，徐徐加入 208.3mL 浓硫酸，边加边搅动，再将 0.5% 的酒石酸锑钾溶液 100mL 加入到钼酸铵液中，最后加至 1L，充分摇匀，贮于棕色瓶中，此为钼锑混合液。

临用前（当天）称取 1.5g 左旋抗坏血酸溶液于 100mL 钼锑混合液中，混匀，此即钼锑抗试剂（有效期 24h，如贮于冰箱中，则有效期较长）。

4) 磷标准溶液

称取 0.439g KH$_2$PO$_4$（105℃烘 2h）溶于 200mL 水中，加入 5mL 浓 H$_2$SO$_4$，转入 1L 容量瓶中，用水定容，此为 100×10^{-6} 磷标准液，可较长时间保存。取此溶液稀释 20 倍即为 5×10^{-6} 磷标准液，此液不宜久存。

（二）0.03mol·L^{-1}NH$_4$F-0.025mol·L^{-1}HCl 浸提——钼锑抗比色法

1. 仪器

塑料杯，其余同碳酸氢钠法。

2. 试剂

0.03mol·L^{-1}NH$_4$F-0.025mol·L^{-1}HCl 浸提剂，称取 1.11g NH$_4$F 溶于 800mL 水中，加 1.0mol·L^{-1}HCl 25mL，然后稀释至 1L，贮于塑料瓶中，其他试剂同碳酸氢钠法。

四、实验原理

了解土壤中速效磷的供应状况，对施肥有着直接的指导意义。土壤中速效磷的测定方法很多，由于提取剂的不同所得结果也不一样。

（一）碳酸氢钠法

中性、石灰性土壤中的速效磷，多以磷酸一钙和磷酸二钙状态存在，用 0.5mol·L^{-1}

$NaHCO_3$ 溶液可将其提取到溶液中，然后将待测液用钼锑抗混合显色剂在常温下进行还原，使黄色的锑磷钼杂多酸还原成为磷钼蓝进行比色。

（二）$0.03mol \cdot L^{-1} NH_4F$-$0.025mol \cdot L^{-1} HCl$ 浸提——钼锑抗比色法

酸性土壤中的磷主要是以 Fe-P、Al-P 的形态存在，利用氟离子在酸性溶液中络合 Fe^{3+} 和 Al^{3+} 的能力，可使这类土壤中比较活性的磷酸铁铝盐被陆续活化释放，同时由于 H^+ 的作用，也能溶解出部分活性较大的 Ca-P，然后用钼锑抗比色法进行测定。

五、实验步骤

（一）碳酸氢钠法

称取通过 1mm 筛孔的风干土 2.5g（精确到 0.01g）于 250mL 三角瓶中，加 50mL $0.5mol \cdot L^{-1} NaHCO_3$ 溶液，再加一角匙无磷活性炭，塞紧瓶塞，在 20～25℃下振荡 30min，取出用干燥漏斗和无磷滤纸过滤于三角瓶中，同时做试剂的空白试验。吸取滤液 10mL 于 50mL 量瓶中，用钼锑抗试剂 5mL 显色，并用蒸馏水定容，摇匀，在室温高于 15℃的条件下放置 30min，用红色滤光片或 660nm 波长的光进行比色，以空白溶液的透光率为 100（即光密度为 0）计，读出测定液的光密度，在标准曲线上查出显色液的磷浓度（10^{-6}）。

（二）$0.03mol \cdot L^{-1} NH_4F$-$0.025mol \cdot L^{-1} HCl$ 浸提——钼锑抗比色法

称取通过 1mm 筛孔的风干土样品 5g（精确到 0.01g）于 150mL 塑料杯中，加入 $0.03mol \cdot L^{-1} NH_4F$-$0.025mol \cdot L^{-1} HCl$ 浸提剂 50mL，在 20～30℃条件下振荡 30min，取出后立即用干燥漏斗和无磷滤纸过滤于塑料杯中，同时做试剂空白试验。

吸取滤液 10～20mL 于 50mL 容量瓶中，加入 10mL $0.8mol \cdot L^{-1} H_3BO_3$，再加入二硝基酚指示剂 2 滴，用稀 HCl 和 NaOH 液调节 pH 值至待测液呈微黄色，用钼锑抗比色法测定磷，其他步骤与碳酸氢钠法相同。

（三）结果计算

1. 标准曲线制备

吸取含磷 5×10^{-6} 的标准溶液 0mL、1mL、2mL、3mL、4mL、5mL、6mL，分别加入 50mL 容量瓶中，加 $0.5mol \cdot L^{-1} NaHCO_3$ 溶液 10mL，加水至约 30mL，再加入钼锑抗显色剂 5mL，摇匀，定容即得 0×10^{-6}、0.1×10^{-6}、0.2×10^{-6}、0.3×10^{-6}、0.4×10^{-6}、0.5×10^{-6}、0.6×10^{-6} 磷标准系列溶液，与待测溶液同时比色，读取吸收值，在方格坐标纸上以吸收值为纵坐标、磷的质量分数为横坐标，绘制成标准曲线。

2. 计算

$$土壤中速效磷(10^{-6}) = \frac{显色液磷的质量分数 \times 显色液体积 \times 分取倍数}{烘干土质量(g)}$$

显色液磷的质量分数:从工作曲线查得显色液磷的质量分数(10^{-6})。

显色液体积:50mL。

$$\text{分取倍数} = \frac{\text{浸提液总体积(50mL)}}{\text{吸取浸出液体积(mL)}}$$

(四)参考指标

(1)0.5mol·L^{-1} NaHCO$_3$法参考指标见表1-5。

(2)0.03mol·L^{-1} NH$_4$F-0.025mol·L^{-1} HCl 浸提——钼锑抗比色法参考指标见表1-6。

表1-5 0.5mol·L^{-1} NaHCO$_3$法参考指标

土壤速效磷质量分数/10^{-6}	等级
<5	低
5~10	中
>10	高

表1-6 钼锑抗比色法参考指标

土壤速效磷质量分数/10^{-6}	等级
<3	很低
3~7	低
7~20	中等
>20	高

六、注意事项

(1)酸性氟化铵溶液用塑料瓶存放,切勿用玻璃瓶。此液腐蚀玻璃。

(2)比色液酸度控制在(0.55 ± 0.1)mol·L^{-1}。酸度小于0.45mol·L^{-1},显色速度加快,但稳定时间较短;酸度大于0.65mol·L^{-1},显色过慢。

(3)室内温度低于15℃时,显色液可放置在30~40℃的烘干箱中保温30min。

(4)滤液浑浊时,应重新过滤直至澄清。

(5)比色时发现颜色过深,应重新吸取滤液进行显色(减少吸取量)。

七、作业与思考

(1)实验报告要求:①简述测定速效磷的目的、原理和分析步骤;②作出磷标准曲线;③计算速效磷含量。

(2)影响磷有效性的因素有哪些?为什么?

(3)实验过程中比较关键的操作有哪些?哪些操作步骤对测定结果有影响?操作中应注意什么?

实验九 土壤速效钾的测定

一、实验目的

了解土壤速效钾的测定原理;初步掌握测定土壤速效钾的主要方法和步骤;加深对课堂

理论知识的理解,提高训练实际操作技能。

二、实验内容

用火焰光度计法测定土壤速效钾。

三、实验仪器和用品

(一)仪器

火焰光度计,分析天平,振荡机,100mL 三角瓶,1000mL、100mL、50mL 容量瓶,20mL、40mL 移液管,10mL 吸管,洗耳球。

(二)试剂

(1)1mol·L^{-1}中性醋酸铵溶液:称取化学纯醋酸铵 77.09g,加水溶解,定容至 1L,最后调节 pH 值到 7.0。

(2)钾标准溶液:准确称取烘干(105℃烘 4～6h)分析纯 KCl 1.906 8g 溶于水中,定容至 1L,即含钾为 1000mg·kg^{-1},由此溶液稀释成 500mg·kg^{-1}或 100mg·kg^{-1}。

四、实验原理

钾是植物生长所需的养分之一。土壤中的钾素可分为 4 种状态:土壤中的含钾矿物(此为难溶性钾)、非代换性钾(为缓效性钾)、代换性钾、水溶性钾。植物所能利用的钾是水溶性及代换性状态存在的钾(速效性钾),其中主要是代换性钾。因此,测定土壤中代换性钾才能真实反映土壤中速效钾的供应情况。本实验以醋酸铵为提取剂,铵离子将土壤胶体吸附的钾离子交换出来。提取液用火焰光度计直接测定。

五、实验步骤

(1)称取通过 1mm 筛孔的风干土 5g(精确到 0.01g)于 100mL 三角瓶中。

(2)加入 50mL 1mol·L^{-1}中性醋酸铵液,塞紧橡皮塞,振荡 15min 立即过滤。

(3)在火焰光度计上测滤液的光电流强度。

(4)钾标准曲线的绘制。将 500×10^{-6}或 100×10^{-6}钾标准液稀释成 0×10^{-6}、1×10^{-6}、3×10^{-6}、5×10^{-6}、10×10^{-6}、15×10^{-6}、20×10^{-6}、30×10^{-6}、50×10^{-6}钾系列液(用 1mol·L^{-1}中性醋酸铵液稀释定容,以抵消醋酸铵的干扰),在火焰光度计上测溶液的光电流强度,以浓度为横坐标绘制曲线。

(5)结果计算:

$$速效钾(10^{-6}) = C \times V / W$$

式中:$C(10^{-6})$——从标准曲线上查出相对应的质量分数($\mu g \cdot mL^{-1}$);

V——加入浸提剂的体积(mL);

W——土样烘干质量(g)。

(6)土壤速效钾含量参考指标见表1-7。

表1-7 土壤速效钾含量参考指标

土壤速效钾/10^{-6}	等级
<30	极低
30~60	低
60~100	中
100~160	高
>160	极高

六、注意事项

(1)醋酸铵溶液pH值必须调节至7.0,如土壤样品加入醋酸铵溶液后不宜久放,否则会使钾分析结果偏高。

(2)用醋酸铵配制的钾溶液易发生霉变,故不能放置过久。

(3)空气中的灰尘或滤纸纤维,能改变喷雾状况,或进入火焰使火焰突然发亮,致使检测计读数不准。因此实验室环境应保持清洁,待测液应无滤纸纤维。

(4)同一批待测液测定时,空气压力、燃气压力、光圈大小应保持不变。

(5)测定时应严格遵守操作规程,特别注意先开空气开关,后开燃气开关;关闭时先关燃气开关,后关空气开关,次序不能颠倒。

(6)火焰必须稳定,无嘶嘶声,内焰边缘清晰。

七、作业与思考

(1)实验报告要求:①简述测定速效钾的原理、程序和火焰光度计的使用方法;②作出钾标准曲线;③计算速效钾含量。

(2)土壤样品加入醋酸铵溶液后不宜久放,否则会使钾分析结果偏高,为什么?

(3)测定时火焰光度计的操作应注意什么?光圈调节到一定范围,先用中等浓度的标准溶液插入液体吸管下端,打开快门开关使光电池预热3~5min的作用是什么?

实验十 土壤动物的提取与观察

一、实验目的

(1)学习土壤动物野外样品采集和预处理方法(包括野外正确设置采集点,正确收集和保存样品等)。

(2)学习和掌握中型土壤动物标本室内分离提取的基本操作和技能。

(3) 学习和掌握土壤动物标本鉴定方法，认知常见土壤动物的形态、结构等基本特征。

二、实验内容

野外采集土壤样品，在室内利用 Tullgren 干漏斗进行中型土壤动物标本的提取、分离和保存，然后对收集到的土壤动物标本进行初步鉴定。

三、实验仪器和用品

成套土壤动物采样器（橡胶锤，取土器等）、样品袋、标签、Tullgren 干漏斗、牛皮纸、无水酒精、量杯、托盘、样瓶（60mL）、体视显微镜、油性笔等。

四、实验原理

土壤动物由于长期生活在土壤中，不能或难以直接将它们从土壤中分离出来。这就需要借助一定的设备和技术手段。目前，中型土壤动物的提取，都是从野外取回原位土柱，在实验室内，利用 Tullgren 干漏斗，经过灯光驱赶、筛网过滤、酒精收集等步骤获得；由于土壤动物个体普遍较小，需要借助显微镜进行形态观察和计数等。

五、实验步骤

（一）野外取土样

(1) 选样地：少干扰，代表性。
(2) 选样点：每个样地随机选 5 个样点，以作混合样。
(3) 取土：用取土器锤击至一定深度（根据取样要求及土壤条件，一般取表层土 0~15cm），取出，打开，取出土柱；5 个样点混合成 1 个样品。

（二）土壤动物提取

(1) 漏斗：组装好 Tullgren 干漏斗，准备好样品瓶，写好标签（同样品袋），倒入半瓶无水酒精，放在漏斗旁边。
(2) 上土：牛皮纸铺在地上，取出上漏斗，把上漏斗和土袋放在报纸上；然后将样品袋中的土倒出在牛皮纸上，太大块的土捏碎，倒入上漏斗中，稍抹平，把带土样的上漏斗放在下漏斗上。
(3) 样瓶：将样品瓶口套入下漏斗出口，用布袋垫底使紧贴漏斗。
(4) 打开光源。
(5) 收样：48h 后，轻轻将样品瓶取出，盖好，存放冰箱以备鉴定。

（三）鉴定

参考《中国土壤动物检索图鉴》（尹文英，1998）等鉴定材料，对土壤动物标本进行鉴定，并在记录纸上记录土壤动物的类群及其个体数量；最后，用以下公式简单统计土壤动物的生物多样性。

(1)密度:单位面积内土壤动物的个体数量,一般以个·m^{-2}为单位。
(2)类群丰富度:获取的土壤动物的类群数。
(3)多样性与均匀性指数:

①Shannon-Wiener 指数:

$$H' = -\sum_{i}^{s} P_i (\ln P_i).$$

式中:P_i——第 i 类群"ith"在群落中的比率(%);
　　s——群落中的类群数(个)。

②Pielou 均匀度指数:

$$e = H'/\ln S$$

式中:e——均匀度;
　　S——种类数(个)。

六、注意事项

(1)野外工作穿长衣、长裤。
(2)取土样时选择代表性区域,避开特殊区域。
(3)控制好 Tullgren 漏斗提取时间,一般 48h 为宜,其间常观察灯光、收集瓶是否正常。
(4)显微镜操作规范。

七、作业与思考

(1)撰写实验报告《土壤动物的提取与观察》。
(2)思考地下动物生物多样性的理论和实践意义。

实验十一　土壤剖面挖掘与观察

一、实验目的

通过野外土壤剖面调查,初步掌握科学合理的剖面挖掘操作技术,学会对挖掘的剖面进行观察和描述,从而认识土壤,并联系土壤生成环境,分析其与土壤形成及利用改良等方面的关系。培养独立工作和团队协作能力。

二、实验内容

(1)剖面的设置与挖掘。
(2)剖面层次划分。
(3)剖面形态特征观察。
(4)土壤样品采集。

三、实验仪器和用品

土铲、土镐、剖面刀、土壤尺、标样盒、土壤样品袋、标签等。

四、实验原理

(1)土壤剖面是从地面垂直向下的土壤纵断面。在自然成土作用下,成土母质不断风化、分异,并在土体中形成许多与地表大致平行的层次,称为土壤发生层,不同土壤剖面土壤发生层的组合模式(发生层的类型、厚度及排列组合序列)称为土壤剖面构型。

(2)剖面是土壤最典型、最综合的特征之一,它是土壤特征的外部表现,对研究土壤形成过程及土壤分类有重要意义;同时,野外土壤剖面观察是室内土壤理化分析的基础。

五、实验步骤

(一)剖面周边环境的观察

挖掘剖面以前,首先要了解观察点所处的地形部位(山地、丘陵、河谷、冲积平原、盆地及洼地等),水分迁移情况(地表水有无、排水及灌溉情况等),侵蚀情况(山区进行土壤调查与观察时尤为重要),植被情况(植物群落、生长情况、优势物种等),农田基本建设情况(农业生产区尤为重要,如坡改梯、平整土地、开挖渠道、耕作栽培、深耕施肥、中耕、晒垡,以及作物的种植和产量水平等情况等)。

(二)剖面的设置与挖掘

在调查了解的基础上,将剖面设置在具有代表性的地点,不可在堆过肥、挖过坑、土埂、路边、人畜践踏的地方设置剖面。挖掘的剖面,一般宽80cm,深1.0~1.5m,观察面垂直向阳。挖掘剖面时,尽量垂直向下,堆土要做到分层堆,表层土堆在一边,底层土堆在另一边,在观察面的上方留一保护区,不能堆土,也不能在其上践踏,要保持田间自然状况。

(三)剖面层次划分

(1)剖面是垂直的,在观察前用小刀挑成毛面,以突出特征如颜色、质地、松紧度、新生体等;划分不同土壤层的深度和厚度。深度从地表算起,采取连续记数法。例如第一层0~16cm,第二层16~24cm,第三层24~76cm等。

(2)土壤发生层的划分和命名。

在土壤地理学发展的初期,道库恰耶夫把土壤剖面分为3个发生层,即

    A层——腐殖质积累表层

    B层——过渡层

    C层——母质层

这种用A、B、C符号来命名土层的方法是传统的土层命名法。后来不断有人研究并提出新的土层命名建议。目前国际上大多采用O、A、E、B、C、R土层命名法。即

O 层——有机层

A 层——腐殖质层

E 层——淋溶层

B 层——淀积层

C 层——母质层

R 层——母岩层

此外,还有一些由上述有关土层构成的过渡土层,如 AE、EB 层等。若来自两种土层的物质互相交错,且可以明显区分出来,则以斜线分隔号"/"表示,如 E/B、B/C。

(四)剖面形态特征观察

剖面形态特征观察包括干湿颜色、质地、结构、松紧度、新生体、侵入体、酸碱度、石灰反应、孔隙、植物根系和底土母质等项目。观察时由上而下逐层进行,要求观察细致,记录详细。各项特征标准如下。

1. 干湿度

田间观察时,可分为 4 级(表 1-8)。

表 1-8 干湿度分级

级别	干湿度	标准
1	干	用手挤压,感觉不到土壤湿润
2	润	用手握土,感到湿润,但不会残留湿的痕迹
3	潮	不加水可湿测土壤质地,用手挤不出水,但手上会残留湿的痕迹
4	湿	不仅可湿测土壤质地,而且沾手,用手可挤出水来

2. 颜色

颜色是土壤物质组成的外在标志,一般说来,腐殖质是黑色,氧化铁是红色,水化氧化铁是棕色、黄色,还原态的铁是淡绿色、灰蓝色,氧化硅粉末、碳酸钙、高岭土等是白色或灰白色,锰的氧化物是棕褐色等。

观察土壤颜色,可以初步了解土壤肥力状况和土壤发育程度等,一般土壤呈黑色、灰色或棕灰色,表示腐殖质含量高,是好土色,土壤较肥沃,群众常用"黑""油""乌"等字眼来命名这类土壤。红色、黄色、白色表示土壤腐殖质缺乏,是坏土色,土壤薄瘦。观察时还要注意区别含煤屑的"炭浆土"和有黑褐色铁锰胶膜的"猪肝土",这些土看起来黑油油,却是坏土色,是瘦瘠的土壤。

由于土壤成分复杂,土色混杂,很少是单一色泽,观察时要分清主色和副色,主色在后,副色在前,如灰棕色,就是棕色为主,灰色为辅,还可用"深"或"浅"(××色夹××色,××色带

××色等描述,也可采用日常见到的各种器物的颜色,使之生动逼真,如猪肝色、鸭蛋青色、酱黄色等。如有土壤色卡,可用色卡比色鉴定土壤颜色。

观察记载土色时应注意:

(1)在散射光下观察土体的自然断裂面的颜色。

(2)除渍水土壤和水稻土的一些颜色应以室外当即确定为标准外,一般旱地土壤的颜色都以干土颜色为标准。

3. 土壤结构

土壤结构是指在自然状态下经外力掰开,沿自然裂隙散碎呈不同形状和大小的单位个体。通常沿用苏联土壤学家 C. A. 扎哈罗夫的长、宽、高三轴发展的分类法。一般分为团粒状、核状、块状、棱柱状、柱状、碎块状、屑粒状、片状、鳞片状等。

4. 土壤质地

中华人民共和国成立后我国一直采用苏联 H. A. 卡钦斯基,但因美国土壤系统分类及联合国土壤图中均采用美国制,且上述分类流行颇广。现将美国农业部的简易质地类型简述如下,供野外应用。

(1)砂土:松散的单粒状颗粒,能够见到或感觉出单个砂粒,干时若抓入手中,稍一松手后即散落,润时可呈一团,但一碰即散。

(2)砂质壤土:干时手握成团,但极易散落,润时握成团后,用手小心拿起不会散开。

(3)壤土:松软并有砂粒感、平滑、稍黏着。干时手握成团后,用手小心拿起不会散;润时握成团后,一般性触动不至散开。

(4)粉砂壤土:干时成块,但易弄碎,粉碎后松软,有粉质感。湿时成团和为塑性胶泥,干、润时所呈团块均可随便拿起而不散开。湿时以拇指与食指搓捻不成条,呈断裂状。

(5)黏壤土:破碎后呈块状,土块干时坚硬。湿土可用拇指和食指搓捻成条,但往往经受不住它本身的重量,润时可塑,手握成团,手拿时更加不易散裂,反而变成坚实的土团。

(6)黏土:干时常为坚硬的土块,润时极可塑,通常有黏着性,手指间搓成长的可塑土条。

国际制与苏联制指感鉴定标准见表1-9。

表1-9 土壤质地指感法鉴定标准

号	质地名称		土壤状态	干捻感觉	能否湿搓成球（直径/cm）	湿搓成条状况（2cm 粗）
	国际制	苏联制				
1	砂土	砂土	松散的单粒状	研之有沙沙声	不能成球	不能成条
2	砂质壤土	砂壤土	不稳固的土块,轻压即碎	有砂的感觉	可成球,轻压即碎,无可塑性	勉强成断续短条,一碰即断

续表 1-9

号	质地名称		土壤状态	干捻感觉	能否湿搓成球（直径/cm）	湿搓成条状况（2cm 粗）
	国际制	苏联制				
3	壤土	轻壤土	土块轻搓即碎	有砂质感觉，绝无沙沙声	可成球,压扁时,边缘有多而大的裂缝	可成条,提起即断
4	粉砂壤土		有较多的云母片	面粉的感觉	可成球,压扁边缘有大裂缝	可成条,弯成2cm直径圆即断
5	黏壤土	中壤土	干时结块,湿时略黏	干土块较难捻碎	湿球压扁边缘有小裂缝	细土条弯成的圆环外缘有细裂缝
6	黏土	黏土	干土块放在水中吸水很慢,湿时有滑腻感	土块坚硬捻不碎,用锤击亦难粉碎	湿球压扁的边缘无裂缝	压扁的细土环边缘无裂缝

5. 紧实度

指各土层的松紧程度,它直接影响作物根系的穿插,耕作的难易和质量,松紧度一般可以用采土工具(剖面刀、取土铲、土钻等)来测定土壤的紧实度,其标准大体如下。

(1)极松:土钻、铁铣等放在土面,不加压力即能自行进入土中,如砂土。

(2)松:稍加压力,土钻、铁铣即能进入土体,如壤土。

(3)紧:土壤结构较紧,必须用力,土钻、铁铣才能进入土中。如黏土、轻黏土。

(4)极紧:需用大力铁铣才能进入土中,但速度慢,取出不易,而取出后有光滑的表面,如重黏土及具有柱状结构的心土层等。

如有土壤坚实度计,则用其在各层壁上掀压,记下刻度[单位为千克/厘米^2（kg/cm^2）],以更确切地鉴定土壤的松紧度。

6. 新生体和侵入体

由于土壤多种利用的结果,在土层中往往出现特点不同的新生体。如石灰结核、铁锰结核、锈纹锈斑、盐斑、假菌丝体等,野外观察时,详细记载各种新生体的种类、性状、坚实度和厚度,在剖面中分布的特点,开始出现和终止出现的深度,大量集中的深度。根据新生体的种类、数量和分布层位,有助于我们判断土壤形成作用的方向与性质,并且也能借以判定土壤发育的条件,同时,砂姜层出现的深浅还直接影响农业生产。

侵入体包括土壤的砖块、瓦片、岩石碎块、死亡动物的骨骼、贝壳等,它们的存在与土壤形成作用一般没有直接的关系,但可以用来判断母质来源和古土层的存在情况。

7. 根系

描述标准可分为四级(表 1-10)。

表 1-10　根系描述标准

描述	没有根系	少量根系	中量根系	大量根系
标准（根条数·cm^{-2}）	0	1～4	5～10	>10

8. 孔隙

观察孔隙、裂缝、虫孔等分布情况。

（五）土壤样品采集

土壤剖面记载以后，为了研究整个土壤剖面的土壤情况，可分别采集各层土壤，带回室内进行较全面的土壤理化性质的分析，也可在现场测定某项目。

1. 标样盒（纸盒）样品采集

用于剖面层次比较、分类、对照和评土。此标本的采集应特别注意代表性和保持土壤结构体原样，使其主要形态特征在纸盒标本上能反映出来。因此，要用剖面刀取尽量完整土块置于土盒中，保持原样状态，不能用手压实标本，采样顺序同样是由下而上逐层采集，标本采好后，在盒盖上注明剖面号码、土壤名称或代号、地形、母质、植被、采样地点、日期、采样人姓名，为了避免标本多时易搞错，在盒盖、盒底上要注明同样的剖面号码。

2. 化验样品取样

自下而上逐层取样，表土层或耕作层全层均匀采取，以下各层只采取每层的中心部位，采样时要避免侵入体或其他偶然性的东西混入。可以围绕主要剖面周围采 10 点以上的耕层土壤，每点土样宽度、深度、长度力求一致，取完后，各点混合均匀，用对角四分法去除多余土样，留 0.5kg 左右装入袋中。土袋内外要挂放标签，说明剖面样品的号码、地点、采样深度、采样日期、采样人等，并带回室内风干备用。化验项目主要有土壤酸碱度、土壤有机质、全氮、全磷、全钾、速效磷和速效钾等。

六、注意事项

（1）在户外作业，务必作好个人防护，着长衣（袖套）、长裤、运动鞋等。

（2）观察的剖面要求新鲜润态，一般现挖现用，如果是人工剖面需要从剖面的表面向里再刨挖 20～30cm。

（3）纸盒样采妥后用橡皮筋束紧，勿倒置，勿侧放，携回实验室自然晾干保存。

七、作业与思考

根据土壤剖面观察结果，了解如何判断土壤的肥力状况。

第二章　植物实验

植物是自然地理环境的重要组成要素之一,在地球环境中起着特殊的不可替代的作用。绿色植物具有独特的功能,可以进行光合作用,将环境中的无机物质合成有机物质,同时把吸收的太阳能转化成化学能贮藏在有机物质中。可见绿色植物可以把环境中的无机界与有机界联合起来,使自然地理环境成为一个有机的整体。因此,很有必要了解植物及其所组成的植被。

植物地理的植物实验,主要包括植物分类和植物生态两个部分。植物分类实验,主要是通过了解植物的形态与解剖特征,以及植物的习性差别和亲缘关系,理解植物类群及植物分类等级的概念,掌握植物类群的划分依据,进而掌握由此建立起来的植物分类系统。植物生态实验,主要是通过观察分析,掌握不同植物类群与自然环境之间的相互关系,理解植物与环境之间的适应特征。

实验一　植物细胞和组织的观察

一、实验目的

(1)通过实验观察,了解植物细胞的基本构造。
(2)识别植物主要组织的类型、特征和功能,为植物分类打好基础。

二、实验内容

使用显微镜,观察洋葱鳞叶的表皮细胞和番茄的果肉细胞,认识植物细胞的形态构造特征;观察各种植物组织的形态结构。

三、实验仪器和用品

生物显微镜、擦镜头纸、载玻片、镊子、解剖针、滴管、培养皿、蒸馏水、吸水纸、刀片、碘化钾溶液、绘图纸、铅笔、橡皮擦、洋葱鳞茎、番茄果肉、白菜叶、芹菜茎、柑橘果皮、南瓜茎、松树茎。

四、实验原理

植物表皮由无数个蜂窝状的小腔所组成,这些小腔就是植物的细胞。每个植物细胞具有以下4个基本组成部分(图2-1)。

细胞壁:由原生质体分泌的物质所形成,是包围细胞的最外层,使细胞具有一定的形状。细胞壁是植物所特有的结构。

细胞质:在细胞壁以内、细胞核以外的无色透明、半流动的胶状体,内含很多细小的颗粒,用碘化钾溶液可染成浅黄色。

细胞核:是细胞质的稠密部分。细嫩的细胞核位于中央,成熟细胞的核常被液泡挤向一侧。细胞核常呈圆形或扁圆形,染色后呈深绿色。

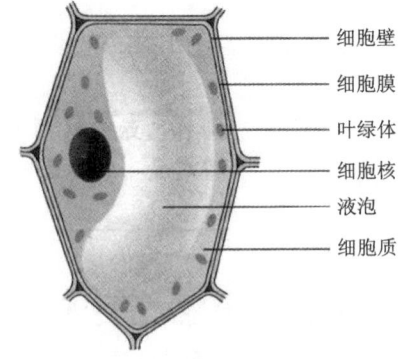

图2-1 植物细胞结构

液泡:为细胞中稀薄透明的部分。细嫩细胞的液泡很小,成熟细胞的液泡较大,液泡内充满着细胞液。

五、实验步骤

(一)观察植物细胞的形态构造

(1)洗净载玻片和盖玻片,并用吸水纸擦干;再用滴管在载玻片的中央滴一小滴蒸馏水。

(2)用镊子撕取洋葱鳞叶内表皮,切成5mm小块,平铺在滴有蒸馏水的载玻片上。若有不平,可用解剖针挑平。

(3)用镊子夹取盖玻片,使一边先接触载玻片上的水滴,再慢慢盖上。注意勿使材料溢出玻片外。

(4)用吸水纸擦干载玻片与盖玻片周围的水,制成临时装片。

(5)把临时装片标本放在低倍显微镜下观察,注意观察细胞的形状与排列方式。然后转为用高倍目镜,观察细胞各部分的结构,可以看到植物表皮由很多细胞所组成。选择1~2个典型细胞,观察以下组成部分:细胞壁,注意观察两个相邻的细胞之间,其细胞壁共有多少层?细胞质,注意观察其分布位置和范围,有什么特点?细胞核,注意观察核膜、核质和核仁。液泡,注意观察其形状。可沿着玻片的边缘滴入碘化钾溶液,有助于进一步看清楚细胞的各个部分。注意使用碘化钾溶液染色后材料细胞各部分的变化。

(6)取番茄果肉少许做成临时装片,按上述顺序操作观察,比较番茄果肉细胞与洋葱鳞片细胞,两者在形状、排列和颜色等方面有哪些不同?

(二)观察植物组织

细胞通过分化,可形成形态结构各不相同的细胞群。人们把那些来源相同、形态结构相同或不同、行使共同生理功能的细胞群称为组织。

植物组织是组成植物器官的基本结构单位。根据植物组织生理功能上的不同和形态结构上的差异,可分为分生组织、保护组织、营养组织、机械组织、输导组织和分泌组织。

(1)观察分生组织:取洋葱根尖切片,置于载物台上,在显微镜下观察。根的前端呈圆筒状,最前端为一帽状物,称为根冠,根冠之内包围着生长点,这部分就是分生组织。

分生组织细胞小,排列紧密,壁薄,核大,细胞质浓,由它可继续分生出其他组织。植物的分生组织分布于茎或根的尖端的生长点,由具有分裂能力的细胞组成,能增加细胞的数量,使植物体伸长或加粗。

(2)观察保护组织:取白菜叶的横切片在显微镜下观察,可见叶片上、下两侧最外缘的细胞排列紧密,细胞之间无间隙,通常没有叶绿体,细胞壁外常有一角质层,有时表皮细胞可转化成表皮毛。在下表皮细胞之间可见形如两个半月形的细胞,称为保卫细胞。两个半月形细胞之间有一孔,称气孔。注意表皮细胞与保卫细胞的差别。

保护组织就是分布于植物体部分器官的外表、具有保护作用的细胞群,其功能主要是避免水分过度散失,调节植物与环境的气体交换,抵御外界风雨和病虫害的侵袭,防止机械或化学的损伤。

(3)观察营养组织:取白菜叶片的横切片在显微镜下观察,表皮内侧具有叶绿体的细胞群就是营养组织。靠近上表皮的细胞呈圆柱形,内含较多的叶绿体。排列整齐而间隙较小的一群细胞称为栅栏组织;靠近下表皮的细胞开关不规则,含有较少的叶绿体,排列疏松而间隙较大的一群细胞称为海绵组织。

营养组织也称薄壁组织、基本组织,是构成植物体的最基本的一种组织。植物的根、茎、叶、花、果实、种子中都含有大量的营养组织。营养组织的细胞体积较大,细胞壁薄而软,有细胞间隙,间隙可充满空气,液泡较大,细胞多为等径球形,有同化、贮藏、通气、吸收等功能。含有叶绿体的营养组织能进行光合作用。

(4)观察机械组织:取芹菜茎横切片,在显微镜下观察,可见表皮下方有些细胞局部加厚的厚角组织,注意这些组织分布的部分及其功能。

机械组织是在植物体内主要起机械支持作用和稳固作用的一种组织,其细胞壁会均匀或不均匀地加厚。细胞壁通常在彼此接触的角隅处增厚,增厚部分呈纵向的棱条状,称为厚角组织;细胞壁全部增厚,细胞腔小,没有原生质体的称为厚壁组织(据形状不同又可分为纤维和石细胞)。

(5)观察输导组织:取南瓜茎纵切片,在显微镜下观察,可见很多长形的细胞,像一条条管子。其细胞壁不规则地增厚,往往呈螺纹状、环状或竹节状,这就是输导水分的导管,有环纹、螺纹、阶纹导管之分。在韧皮部中可见到输送养料的筛管,还可见到筛板、筛孔和伴胞。

输导组织就是植物体内长距离运输物质的组织,其细胞长管状,相互贯通成为统一的整体。根据结构和所运输的物质不同,可将输导组织分为运输水分和无机盐类的导管与管胞,以及运输有机物的筛管与筛胞。

(6)观察分泌组织:取柑橘果皮的切片,在显微镜下观察,注意它的分泌圈。也可取松树茎的横切片,观察其松脂道。

植物的分泌组织,就是某些植物的体内或表面具有能分泌精油、乳汁、蜜汁、单宁、树脂、黏液等的细胞或细胞群。分泌组织一般由分泌细胞和其他薄壁细胞所组成。

六、注意事项

(1)用显微镜观察洋葱鳞叶内表皮细胞和番茄果肉细胞时,应注意区分细胞和气泡,不要把气泡当作细胞。在显微镜下看到的气泡,因其折光率与水的不同,其外围为一黑圈,中间发亮,易于区别。

(2)观察植物组织时,应仔细观察各种组织的特征,不要混淆。

七、作业与思考

(1)用铅笔绘出2~3个相邻的洋葱鳞叶内表皮细胞或番茄果肉细胞,并在其中一个细胞注明各部分的名称:①细胞壁;②细胞质;③细胞核;④液泡。

(2)试述植物主要组织的特征和功能。

实验二 植物根、茎、叶的形态特征观察

一、实验目的

(1)识别植物根、茎、叶的形态类型。
(2)初步掌握描述植物根、茎、叶形态的名词术语和方法,为植物分类打好基础。

二、实验内容

观察植物根、茎、叶的形态特征。

三、实验仪器和用品

解剖针,放大镜,镊子,若干种不同形态的植物根、茎、叶的新鲜标本。

四、实验原理

(一)植物根的类型与特征

植物的根通常是植物向下伸长的部分,用以支撑植物体,同时从土中吸取水分和养分。种子植物萌发时,胚根首先突破种皮向地生长,形成主根。主根上可以产生侧根(甚至多级侧根)。主根和侧根都有一定的发生位置,都来源于胚根,故称为定根。有些植物的根可以从茎、叶上产生,这种不是由根部发生、位置也不定的根,统称为不定根。

植物个体全部根的总和称为根系。定根与不定根都可以发育成根系。种子植物的根系有两种基本类型(图2-2):①直根系,其主根发达,较粗长,主根与侧根有明显区别;②须根系,其主根不明显,由茎基部形成许多粗细相似的不定根,呈丛生状态,多数细长如须。

生活条件变异使一些根在形态上发生了变化,称为变态根。变态根的主要类型如下:

(1)机械支持作用的变态根,如红树林的支柱根、榕树的板状根和气生根、常青藤的攀缘根。

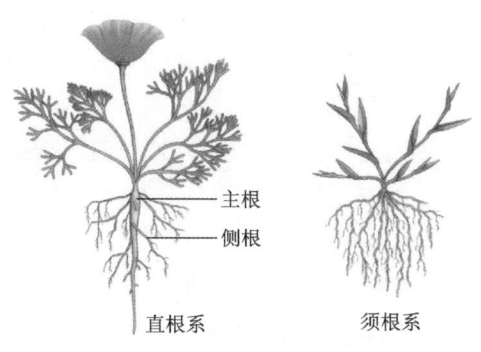

图 2-2 直根系与须根系

(2)营养作用的变态根,如萝卜的肉质根、红薯的块根、落羽杉的呼吸根、菟丝子的寄生根(吸器)。

(二)植物茎的类型与特征

植物的茎,往上承接枝叶和果实,往下连接根部,是植物体三大营养器官之一。

植物茎由胚芽逐渐发育而成,主要起输导和贮藏养分、水分及支持的作用。植物的茎具有节和节间,包括枝条和芽,以及茎上的附属物。

1. 茎的类型

根据茎的质地,植物的茎可分为木质茎和草质茎两类。据此可将植物分为木本植物与草本植物。

(1)木本植物:茎含有大量的木质细胞,木质部极发达,比较坚硬,生活期较长。它们又可分为:乔木,即有明显主干的高大树木;灌木,主干不明显,比较矮小,常由基部分枝。

(2)草本植物:茎的木质细胞较少,生活期短,开花结实后枯死。这类植物又可分为:一年生草本植物,即生活周期在本年内完成,开花结果之后结束其生命,如水稻、棉花等;二年生草本植物,即生活周期跨越两个年份,即第一年生长,第二年开花结果后枯死,如白菜、萝卜、冬小麦等;多年生草本植物,即植物的地下部分能生活多年,每年都发芽生长,如大理菊、马铃薯、甘薯等。另外,环境地理条件常可改变植物的习性,如棉花、蓖麻在北方为一年生植物,而在华南可为多年生植物。

植物的茎根据其生长习性可分为以下类型。

(1)直立茎:茎垂直于地面,如各种乔木、灌木、草本植物。

(2)攀缘茎:以卷须或须盘附着他物上升的藤本茎,如葡萄、丝瓜、爬山虎等。

(3)缠绕茎:缠绕他物上升的藤本茎,如牵牛花、葎草等。

(4)匍匐茎:茎平铺地面,在节上长叶子,并可生根,如草莓、马齿苋等。

2. 茎的变态

植物的茎常常出现特化现象,特化的茎称为茎的变态。茎的变态很多,一般有两类。

1)地下茎变态

根状茎:横向延伸的多年生地下茎,如芦苇、莲藕。

块茎:短而肥厚的地下肉质茎,如马铃薯。

鳞茎:地下茎缩短,外围有多数肥厚或膜质的鳞叶,如葱、水仙等。

球茎:球形的肉质地下茎,外面有干膜质鳞片及藏在鳞片内的芽,如慈菇、荸荠等。

2)地上茎变态

茎刺:枝变为刺,称为茎刺或枝刺,如皂荚、柑橘、山楂等。

茎卷丝:枝的一部分变为卷丝,如葡萄、南瓜等。

叶状茎:茎或枝扁平,呈绿色叶状,可进行光合作用,也称为叶状枝,如天门冬等。

肉质茎:茎多汁,具发达的贮藏组织,呈绿色,可进行光合作用,如仙人掌。

3. 芽与茎枝附属物

芽是枝条和花的原始体。在植物的营养生长阶段,芽通常发育成枝叶,这种芽称为叶芽。当植物从营养生长转入生殖生长时,开始形成花芽。有些植物还具有一种既有叶原基和腋芽原基,又有花部原基的芽,称为混合芽,其将发育为有叶、花或花序的枝条,如苹果、梨、海棠等的芽。

根据芽在枝上的位置,可分为定芽和不定芽两种类型。定芽生于枝条顶端或叶腋处,可分为顶芽和腋芽。生于老根、老茎、叶或外植体(用于组织培养的小段离体器官)上,或细胞培养、组织培养形成的胚状体上的芽称为不定芽,如甘薯、落地生根等的芽。此外,根据有无芽鳞,植物的芽还可分为鳞芽(被芽)和裸芽。根据芽的生理活动状态,还可将植物的芽分为休眠芽和活动芽。

(三)植物叶的类型与特征

植物的叶生长在茎的节部,主要功能是进行光合作用和蒸腾作用。一片完全叶由叶片、叶柄和托叶组成。一般情况下,叶片是叶的扁平部分,叶柄位于叶片的基部,是连接叶片着生于茎或枝上的结构,托叶是叶柄两侧的附属物。

而禾本科植物的叶由叶片和叶鞘组成。叶片和叶鞘相接处有一片向上突起的膜状结构,称为叶舌。有些禾本科植物的叶鞘上端两侧与叶片相接处突出成叶耳。

植物的叶在茎上的排列次序称为叶序,主要有互生、对生、轮生、簇生和基生5类。

单叶与复叶:在一个叶柄上生有一个叶片的叶称为单叶,生有多个小叶片的叶称为复叶。复叶的叶柄称为叶轴或总叶柄。根据小叶的排列方式,复叶可分为羽状复叶、掌状复叶、三出复叶等(图2-3)。

叶片的形态

叶形:叶的形状。大多数叶形是由叶片的长度及叶片最宽部位的所在位置来确定的(图2-4)。基本形状有线形、披针形、椭圆形、卵形、菱形、心形和肾形等。此外还有圆形、扇形、三角形、剑形等(图2-5)。

A
B
C
D
E
F
G
H

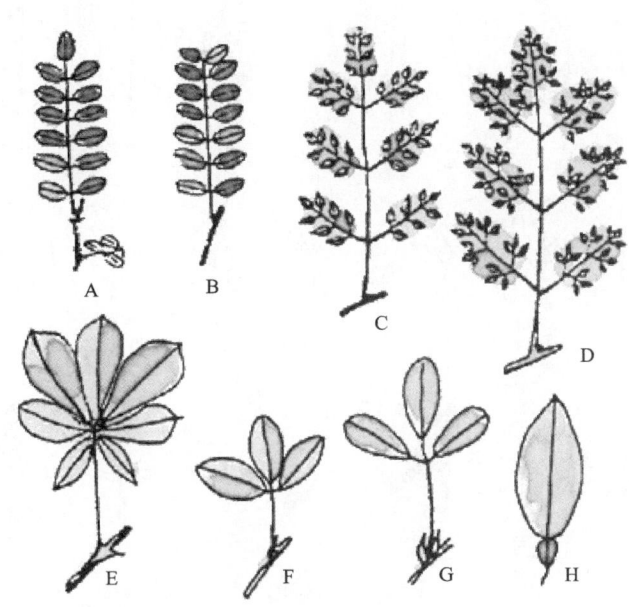

图 2-3　复叶的类型

A. 一回奇数羽状复叶；B. 一回偶数羽状复叶；C. 二回羽状复叶；D. 三回羽状复叶；E. 掌状复叶；F. 三出掌状复叶；G. 三出羽状复叶；H. 单身复叶。

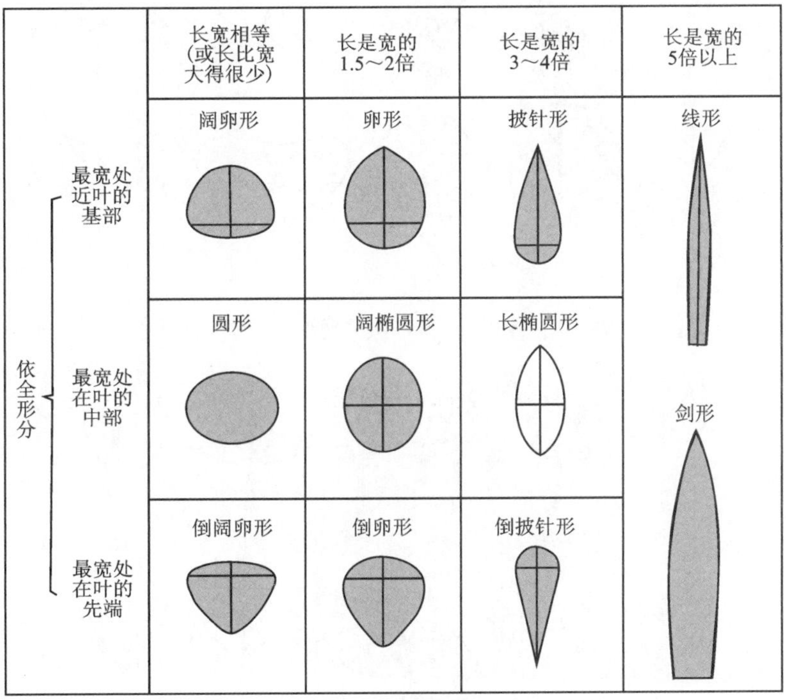

长宽相等(或长比宽大得很少)
长是宽的1.5～2倍
长是宽的3～4倍
长是宽的5倍以上
依全形分
最宽处近叶的基部
阔卵形
卵形
披针形
线形
最宽处在叶的中部
圆形
阔椭圆形
长椭圆形
剑形
最宽处在叶的先端
倒阔卵形
倒卵形
倒披针形

图 2-4　叶片的整体形状

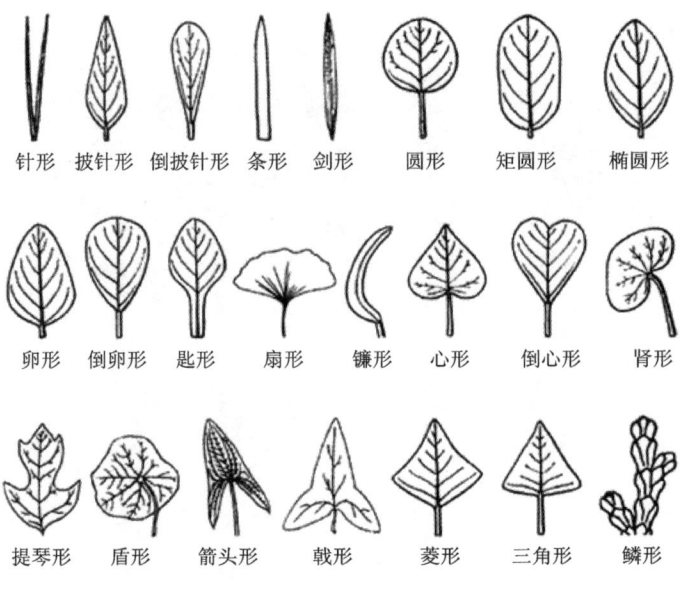

图 2-5 植物的叶形

叶尖:即叶的尖端,常见类型如图 2-6 所示。

图 2-6 叶尖的类型

叶基:叶的基部,指叶片靠近茎秆的一端,亦称基部、下部,常见类型如图 2-7 所示。

图 2-7 叶基的类型

叶缘：叶片上除了叶尖、叶基以外的边缘，常见类型如图 2-8 所示。

图 2-8　叶缘的类型

叶脉：即生长在叶片上的维管束，其分布情况常见类型如图 2-9 所示。

图 2-9　叶脉的类型

叶裂：叶缘形状的差异极大。有的为全缘，有的具齿或细小缺刻，还有的缺刻深且大，形成叶片的分裂。依据缺刻的深浅可将叶裂分为浅裂、深裂和全裂 3 种类型（图 2-10）。

图 2-10　叶裂的类型

叶的质地类型:膜质叶,叶薄而半透明;草质叶,叶薄而柔软;纸质叶,叶片质地柔韧而较薄;革质叶,叶质厚而坚硬,常具弹性;肉质叶,叶片的质地柔软而较厚,富含汁液。

叶的变态类型:苞片和总苞、鳞叶、叶刺、叶卷须、叶状柄、捕虫叶、肉质叶(贮藏叶)、繁殖叶等(图 2-11)。

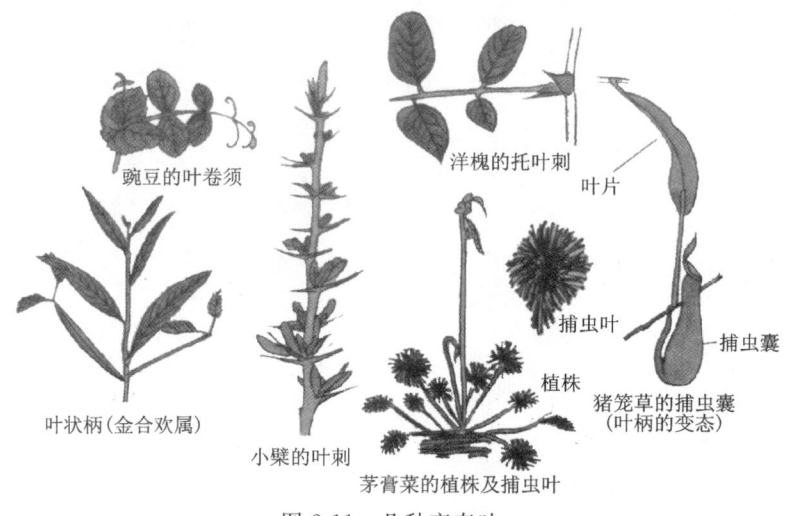

图 2-11　几种变态叶

五、实验步骤

根据上述根、茎、叶的形态特征,观察所给的植物标本,按次序先从根的形态开始,然后观察茎和叶的形态,并把观察结果详细记录下来。

六、注意事项

由于观察材料多,需要记录的项目内容也多,注意不要把材料弄乱,应分别仔细观察,逐项逐条认真作记录。

七、作业与思考

(1)观察所给不同植物的根、茎、叶,把观察结果按要求分别填入表 2-1、表 2-2、表 2-3 中(在相应的空格内填写答案或打"√")。

(2)思考:植物的单叶和复叶如何区别?

表 2-1　植物根的类型

根的类型	植物名称					
主根						
侧根						

续表 2-1

根的类型	植物名称					
定根						
不定根						
直根系						
须根系						
根的变态						

表 2-2 植物茎的类型

茎的类型	植物名称					
木质茎						
草质茎						
直立茎						
攀缘茎						
缠绕茎						
匍匐茎						
茎的变态						

表 2-3 植物叶的类型

叶的类型	植物名称					
单叶复叶						
叶序						
叶柄						
托叶						
叶形						
叶尖						
叶基						
叶缘						
叶脉						
叶的变态						

实验三 植物花、果实的形态特征观察

一、实验目的

(1) 识别植物花和花序、果实和种子的形态类型。
(2) 初步掌握描述植物花、果实形态的名词术语,为植物分类打好基础。

二、实验内容

观察花和果实的形态;识别花序的形态特征和类型;识别果实的形态特征和类型。

三、实验仪器和用品

解剖针、放大镜、镊子、刀片、培养皿、载玻片;若干种植物的花、花序、果实的新鲜标本。

四、实验原理

(一) 花

1. 花的形态和结构

植物的花是植物的繁殖器官,由花芽发育而来。被子植物的花形态各异,变化万千。一朵典型的花由花梗(花柄)、花托、花萼、花冠、雄蕊群和雌蕊群组成(图2-12)。具备这些结构的花称为完全花,而缺少其中某一部分的花则称为不完全花。雄蕊和雌蕊都具备的花称为两性花,缺少雄蕊或雌蕊的花称为单性花,雌雄蕊均不具备的称为无性花。

图 2-12 花的基本组成部分

花梗(花柄)是花朵着生的小枝,但有些植物的花不具花梗(花柄)。

花托位于花梗顶端,是花萼、花冠、雄蕊和雌蕊的着生部位。

花萼位于花的最外轮,由若干萼片组成。萼片分离的称离萼;萼片彼此连合的称合萼,合萼下端的连合部分称萼筒,上端的分离部分为萼裂片。有些植物在花萼的外面还有一轮瓣片,称为副萼。

花冠位于花萼内侧,由若干花瓣组成,有各种颜色,排成一轮或几轮。花瓣完全分离的称为离瓣花,不同程度合生的称为合瓣花。合瓣花连合部分称花冠筒,分离部分称花冠裂片。花冠多种多样,常见的有"十"字形、唇形、钟状、蝶形、漏斗状、管状、舌状等(图2-13)。根据花冠大小、形状的对称情况,可分为辐射对称、两侧对称和不对称3类。辐射对称又称为整齐花,两侧对称花又称为不整齐花。

花萼与花冠总称为花被,两者齐备的花称为重被花,缺一的为单被花,两者都缺的为无被花。

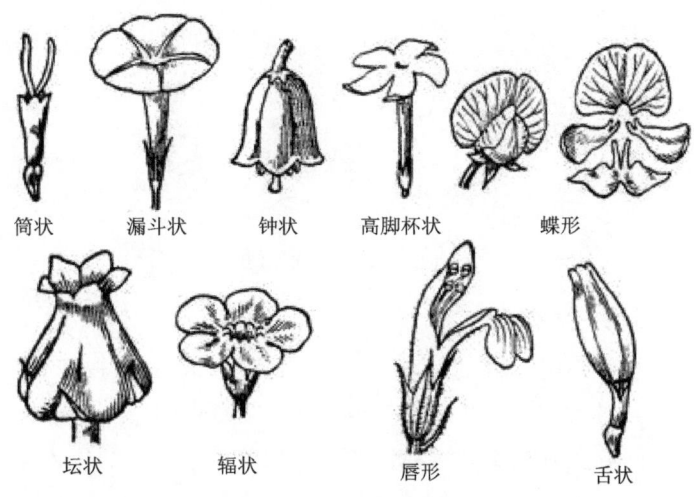

图 2-13 花冠的类型

雄蕊群是一朵花中雄蕊的总称，位于花被的内方。每一雄蕊包括花药和花丝两部分（图 2-12）。常见的雄蕊类型：根据花丝的长短差异划分出四强雄蕊（雄蕊六枚，其中四枚长二枚短）和二强雄蕊（雄蕊四枚，其中二枚长二枚短）；根据雄蕊群的连合程度可划分为单体雄蕊（花丝合成一单束）、二体雄蕊（花丝分成两束）、多体雄蕊（花丝分成多束）、聚药雄蕊（花药合生、花丝分离）、离生雄蕊（雄蕊彼此分离）、冠生雄蕊（雄蕊生于合瓣花冠上）等（图 2-14）。

雌蕊群是一朵花中雌蕊的总称，位于花的中央或花托顶部。每一个雌蕊通常由基部膨大成子囊状的子房、子房上部的圆柱形花柱，以及花柱顶部膨大的柱头三部分组成（图 2-12）。

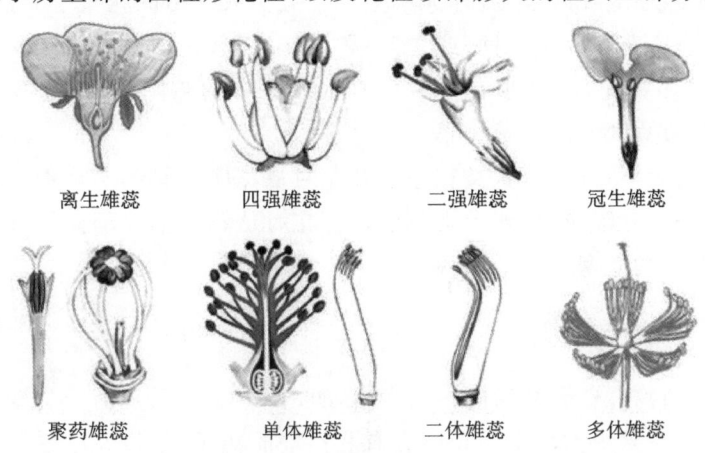

图 2-14 雄蕊的类型

雌蕊由具有生殖能力的变态叶演变而来，这片变态叶称为心皮。心皮是构成雌蕊的基本单位，雌蕊是由一个或数个心皮所构成的，雌蕊由于心皮数目及分合情况的不同而具有不同的类型。若一朵花中仅具一个由单心皮构成的雌蕊，称为单雌蕊；若一朵花中具两个或多个离生心皮构成的雌蕊，称为离生雌蕊；若雌蕊是由两个或多个心皮联合形成的，则称为合生雌蕊或复雌蕊（图 2-15）。合生雌蕊各部分的联合情况不同，有子房、柱头和花柱全部联合的，也有子房和花柱联合而柱头分离的，也有只是子房联合而柱头、花柱彼此分离的。

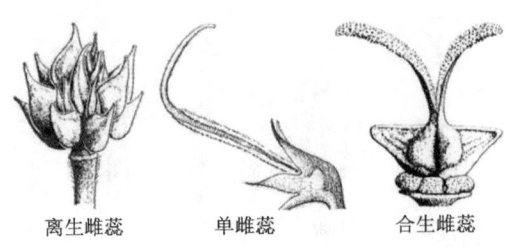

图 2-15　雌蕊的类型

子房是雌蕊基部的膨大部分，着生在花托上。子房的中空部分称为子房室。一个雌蕊可以由一片或多片心皮构成，一心皮形成的雌蕊，其子房只有一室；二心皮形成的雌蕊，子房可以是一室或二室；三心皮形成的雌蕊，可以是一室或三室。在子房室内，生有将来发育为种子的胚珠，胚珠的多少以及它的着生方式是非常稳定的。子房着生于花托的位置类型见图 2-16。

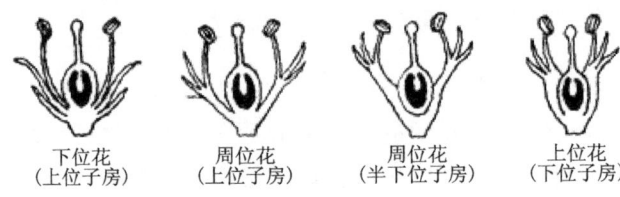

图 2-16　子房着生于花托的位置类型

2. 花序

花可以单生于枝顶或叶腋部位，称为单生花。大多数植物的花按一定的方式和顺序排列在花枝上，形成花序。花序的总花柄（或主轴）称为花序轴（花轴），可以分枝或不分枝。

花序轴上若有多数花，则除顶花外皆由轴上变态叶的腋间生出，这些变态叶称为苞片。密集在花序基部的苞片则形成总苞。

花序有两大类：无限花序（总状类花序），开花时从花序轴基部向顶部依次开放，或由花序周边向中央依次开放；有限花序（聚伞类花序），开花时从花序轴顶部向下部或外部依次开放。无限花序与有限花序的类型见图 2-17 和图 2-18。

（二）果实的类型与特征

植物的果实由植物开花受精后的子房发育而成。果实外围是由子房壁发育而成的果皮，通常可分成外果皮、中果皮和内果皮 3 层。有些植物的花托、花萼等也参与发育成果实。

果实的类型划分方法很多。子房发育而成的果实，称为真果。除子房外还有花的其他部分（如花托、花被以至花序轴）参与组成的果实，称为假果。根据果实是由单花或花序形成，或以雌蕊的类型来分，可分为单果、聚合果和复果（聚花果）。

果实的分类主要还是根据果皮的性质及成熟后是否开裂来划分，可分为肉果（包括浆果、柑果、瓠果、核果、梨果）和干果。干果依果皮的开裂与否分为开裂干果和不开裂干果（闭果）。开裂干果包括蓇葖果（单室多子，边缝开裂）、荚果、角果、蒴果（多心皮多种子）；不开裂干果包括坚果（板栗）、瘦果（向日葵）、颖果（玉米，小麦）、翅果（榆，槭树）等。

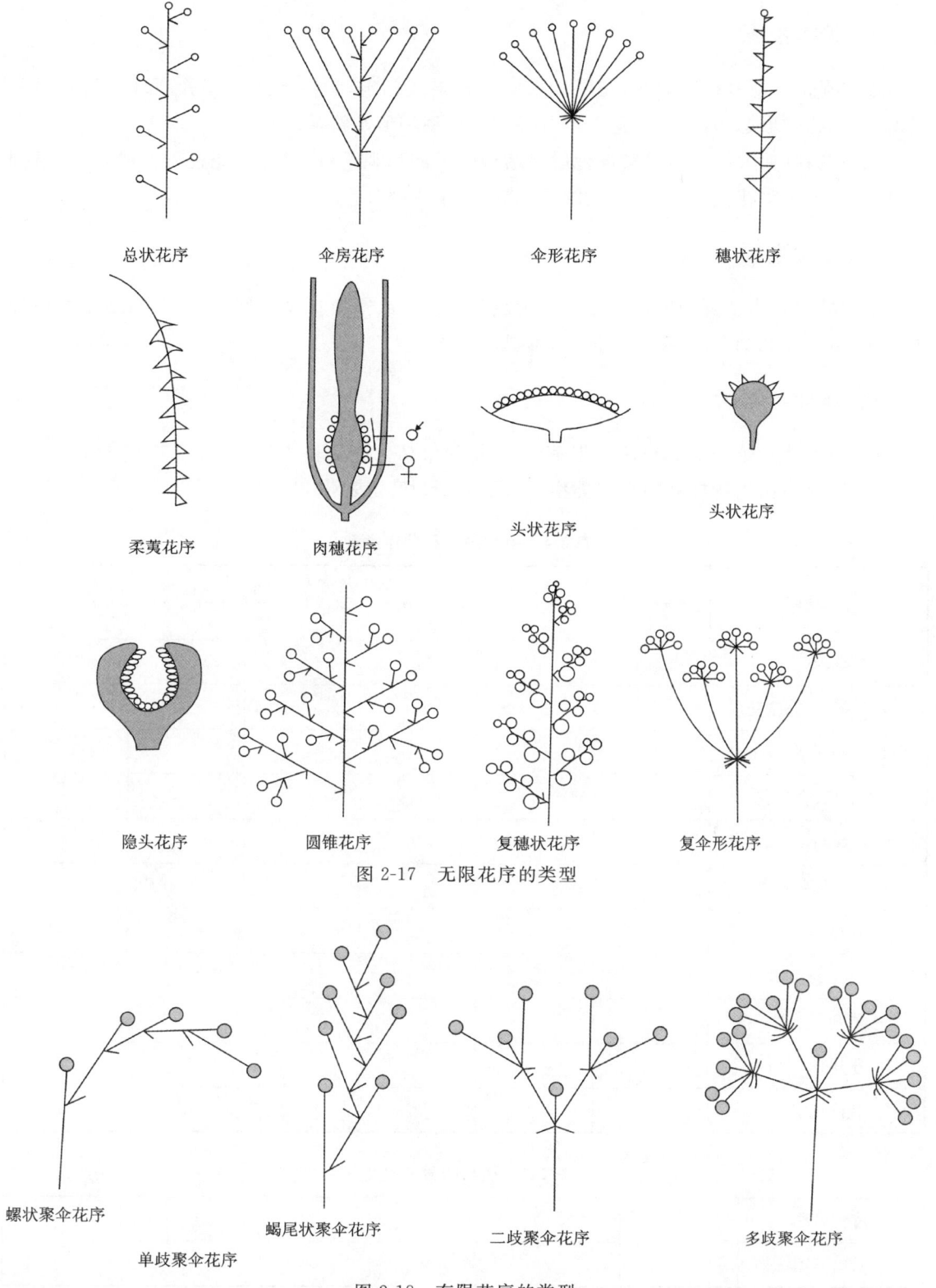

图 2-17 无限花序的类型

图 2-18 有限花序的类型

五、实验步骤

根据提供的新鲜植物的花、花序和果实的材料或标本,参照上述的实验原理进行观察和记录,认识花的形态结构特征、花序以及果实的类型和形态特征。

取一朵花(如大红花),对其进行形态结构的解剖和观察:用刀片从花梗处开始,作一纵剖面,用放大镜观察花托、花萼、花冠、雄蕊、雌蕊等组成部分。

六、注意事项

因实验材料为新鲜的植物样品,有些很容易萎蔫,故需要抓紧时间观察记录;由于材料种类较多,需要认真细致,逐项观察记录,不要混淆。

七、作业与思考

(1) 观察所给植物样品的花和花序类型,将观察结果填入表2-4中。
(2) 观察所给植物样品的果实类型,将观察结果填入表2-5中。

表2-4 植物的花和花序类型

花、花序	植物名称					
整齐花、不整齐花						
完全花、不完全花						
双被花、单被花、无被花						
离瓣花、合瓣花						
两性花、单性花、无性花						
花萼(离萼、合萼)						
花冠的类型						
雄蕊的类型						
雌蕊的类型						
子房的类型						
花序的类型						

表2-5 植物的果实类型

植物名称						
果实类型						

实验四　植物类群辨识

一、实验目的

了解孢子植物和种子植物各大类群的基本特征及其代表种,为植物地理实习和野外调查打基础。

二、实验内容

观察校园或附近地区的孢子植物(包括藻类植物、真菌、地衣、苔藓植物和蕨类植物)、种子植物(包括裸子植物和被子植物)的代表种,了解其类群的基本特征及对环境的适应性。

三、实验仪器和用品

显微镜、放大镜、解剖针、刀片、镊子、培养皿、载玻片、盖玻片、滴管、吸水纸、纱布、各植物类群代表种实物标本。

四、实验原理

(一) 孢子植物

孢子植物指能产生孢子并用孢子进行繁殖的植物,主要包括藻类植物、真菌、地衣、苔藓植物和蕨类植物五大类群。

1. 藻类植物

藻类植物是很大的一群低等植物,大都具有叶绿素,能进行光合作用;植物体是单细胞的、群体的或多细胞的叶状体,无根、茎、叶的分化,无维管束。生长发育过程无胚的出现。各种藻类颜色不同,取决于叶绿素与其他色素的比例。

藻类植物分布的范围极广,对环境条件要求不严,适应性较强,在只有极低的营养浓度、极微弱的光照强度和相当低的温度条件下也能生活。不仅能生长在江河、溪流、湖泊和海洋中,而且也能生长在短暂积水或潮湿的地方。从热带到两极,从积雪的高山到温热的泉水,从潮湿的地面到不很深的土壤内,几乎到处都有藻类植物的分布。

2. 真菌

真菌是生物界中很大的一个类群。真菌具有真正的细胞核,多数植物体由菌丝组成,分枝的菌丝团称为菌丝体。菌丝体的组织或疏松或紧密集合,甚至坚硬如木质。真菌无叶绿素,属于异养生物,营寄生或腐生生活,所贮藏的食物是糖原和脂肪,没有淀粉。真菌的生殖方式多种多样,其中无性生殖极为多见,水生种类产生无细胞壁裸露的游动孢子,陆生种类则产生有细胞壁而借空气传播的孢子;有性生殖有同配、异配或卵式生殖等。

真菌门可分为4个纲：藻状菌纲、子囊菌纲、担子菌纲、半知菌纲。分布广泛。

3. 地衣

地衣是菌类与蓝、绿藻类的复合体，由菌类的菌丝缠绕并包围藻类组成共生体。在这一共生关系中，藻类制造食物，菌类则吸收水分和无机盐，提供光合作用的原料，并围裹藻类细胞以保持一定的形态和湿度。地衣生长极为缓慢，耐旱，干旱时休眠，湿润时呼吸骤增。生殖方式以营养生殖最为常见。

地衣主要分为3类：①壳状地衣。植物体扁平呈壳状，紧附于树皮、岩石或其他物体上，难以分离。②叶状地衣。植物体呈薄片状的扁平体，形似叶片仅由下表面成束的菌丝附着在基质上，可以剥离。③植物体直立，多分枝，似树枝，或呈丛生状。

地衣分布极广，可分布在裸岩、土壤或树枝上，适应力很强。

4. 苔藓植物

苔藓植物是高等植物脱离水生进入陆生生活的原始类型。苔藓植物的构造简单，无组织的分化，只有类似根茎叶的分化；植物体是配子体，植株小；简单类型为叶状体，高级类型具有假根或类似根茎叶的分化，但没有真正的根和维管束。生殖方式为有性繁殖，属于卵式生殖，产生胚。苔藓植物门通常分为苔纲和藓纲。

苔藓植物分布广泛，主要分布于阴暗潮湿的环境，如潮湿裸露的石壁、森林和沼泽地。

5. 蕨类植物

蕨类植物为具有维管束的孢子植物（也称高等孢子植物），多为陆生或附生，少为水生。植物体多有根、茎、叶的器官分化（松叶蕨除外），具维管束系统。根常为不定根（呈须根状），茎为根状茎（在土壤中横行，上升或直立），叶分为小型叶和大型叶。还有异形叶、能育叶、不育叶，叶背产生孢子囊群，孢子囊群产生孢子。形态多样，有高大如乔木的，也有小达1cm的，但绝大多数为多年生草本。生殖方式为有性繁殖，受精作用以水为媒介。

蕨类植物可分五亚门：松叶蕨亚门、石松亚门、水韭亚门、楔叶亚门、真蕨亚门。广泛分布于世界各地，尤以热带和亚热带最为丰富。

（二）种子植物

种子植物，就是能产生种子，并以种子繁殖的高等植物，主要包括裸子植物和被子植物两大类群。

1. 裸子植物

裸子植物是介于蕨类植物和种子植物之间的一类维管植物，具有颈卵器，又产生种子。植物体多为乔木，少为灌木，稀为木质藤本，具有发达的维管系统和根系；孢子叶大多聚合成球果状，形成球花。花（孢子叶球）单性，为大孢子叶球（雌球花）和小孢子叶球（雄球花），雌雄同株或异株。种子裸露于种鳞之上，没有被果皮或变态大孢子叶发育的假种皮所包被，其胚由雌配子体的卵细胞受精而成,胚乳由雌配子体的其他部分发育而成,种皮由珠被发育而成;胚具两枚或多枚子叶。

裸子植物亚门共有 5 个纲,即银杏纲、苏铁纲、红豆杉纲、松柏纲和买麻藤纲。裸子植物广泛分布于南北半球,尤以北半球更为广泛,从低海拔至高海拔、从低纬度至高纬度几乎都有分布。

2. 被子植物

被子植物是植物界演化最高级、种类最多、分布最广的类群。被子植物的种子被果皮所包围,具有真正的花,故又称为有花植物。

植物体高度发达,组织分化更为完善:维管束主要由导管构成;在生殖上配子体大大简化,具有双受精现象和新型胚乳,生长方式与营养方式具有明显的多样性。营养方式多自养,有寄生、半寄生、捕虫、腐生、共生;传粉方式多样化;生长方式有常绿、落叶、草本,包括一年生、二年生、多年生等。

被子植物可分为 2 个纲,即双子叶植物纲和单子叶植物纲。

五、实验步骤

(一)观察孢子植物

(1)藻类植物的观察,以水绵 *Spirogyra*、海带 *Laminaria japonica*、紫菜 *Porphyra* 为例(图 2-19),用放大镜、显微镜观察。

图 2-19 水绵、海带、紫菜

水绵 *Spirogyra* 为多细胞丝状结构个体,叶绿体呈带状,有真正的细胞核,含有叶绿素可进行光合作用。藻体是由 1 列圆柱状细胞连成的不分枝的丝状体。由于藻体表面有较多的果胶质,所以用手触摸时颇觉黏滑。在显微镜下,可见每个细胞中有 1 条至多条带状叶绿体,呈双螺旋筒状绕生于紧贴细胞壁内方的细胞质中,在叶绿体上有 1 列蛋白核。细胞中央有 1 个大液泡。1 个细胞核位于液泡中央的一团细胞质中。核周围的细胞质和四周紧贴细胞壁的细胞质之间,有多条呈放射状的胞质丝相连。水绵常生长于平静淡水中,广布于池塘、沟渠、河流、湖泊和稻田,繁盛时大片生于水底,或成大团块漂浮水面,摸起来手感黏滑。

海带 *Laminaria japonica* 是一种在低温海水中生长的大型海生褐藻植物,孢子体大型,褐色,扁平带状,最长可达 20m。分叶片、柄部和固着器,固着器呈假根状。叶片下部有孢子囊。具有黏液腔,可分泌滑性物质。固着器树状分枝,用以附着海底岩石。生长于水温较低的海中。我国北部沿海及浙江、福建沿海大量栽培。

紫菜 Porphyra 是在海中互生藻类的统称。藻体呈膜状,称为叶状体,呈紫色或褐绿色。属于海产红藻,叶状体由包埋于薄层胶质中的一层细胞组成,深褐色、红色或紫色。固着器盘状,假根丝状。生长于浅海潮间带的岩石上,种类多。

(2)真菌的观察,以根霉为例(图 2-20),用放大镜、显微镜观察。

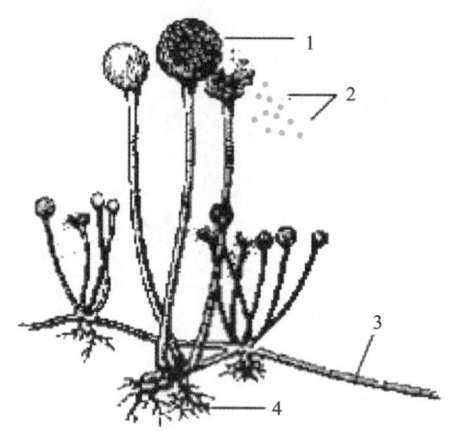

1.孢子囊;2.孢子;3.匍匐菌丝;4.假根。
图 2-20　根霉的形态

根霉 Rhizopus 的菌丝无隔膜,有分枝和假根,营养菌丝体上产生匍匐枝,匍匐枝的节间形成特有的假根,从假根处向上丛生直立、不分枝的孢囊梗,顶端膨大形成圆形的孢子囊,囊内产生孢囊孢子。

(3)观察 3 种地衣,用放大镜、显微镜观察。

观察 3 种类型的地衣标本,注意区别它们的外形(壳状地衣——原植体紧贴于基质上,很难采下;叶状地衣——原植体仅由菌丝形成假根,固着于基质上,便于采取;枝状地衣——原植体多分枝,直立或悬垂)。

用镊子取少许叶状地衣,置于载玻片水滴中,并用解剖针轻轻将材料分开,加上盖玻片,用显微镜观察组成叶状地衣的真菌菌丝和藻类细胞,可见由上而下分为 3 层:上层由紧密交织的菌丝组成;中层由疏松交强的菌丝和藻类细胞组成,注意藻类细胞是成层排列还是分散在菌丝之间;下层也由紧密交织的菌丝组成,并有成束菌丝形成的假根。注意区分出明显的藻胞层。

(4)苔藓植物的观察,以真藓 Bryum argenteum 为例,用放大镜、显微镜观察。

真藓 Bryum argenteum,植物体银白色至淡绿色,疏松丛生,略具光泽。叶干湿时均覆瓦状排列于茎上,宽卵形或近圆形,兜状,具长的细尖或短渐尖至钝尖,上部无色透明,下部黄绿色,边缘不明显分化,全缘;中肋近绿色,在叶尖下部消失或达尖部。叶中部细胞椭圆形,常延伸至顶部,边缘 1～2 列细胞略狭长,上部细胞较大,无色透明,多为薄壁,下部细胞六角形或长方形。蒴柄长约 1cm,孢蒴下垂,长圆形,熟后呈红褐色,台部不明显。

真藓 *Bryum argenteum* 喜生于房屋周围和低山土坡及薄土岩面或火烧后的林地,在砖石缝隙、湿石壁面等潮湿地方常集聚生长。

(5)蕨类植物的观察,以肾蕨 *Nephrolepis auriculata* 为例,用放大镜观察。

肾蕨 *Nephrolepis auriculata*,附生或土生。根状茎直立,被蓬松的淡棕色长钻形鳞片,下部有粗铁丝状的匍匐茎向四方横展,匍匐茎棕褐色,不分枝,疏被鳞片,有纤细的褐棕色须。叶簇生,暗褐色,略有光泽,叶片线状披针形或狭披针形,一回羽状,羽状多数,互生,常密集而呈覆瓦状排列,披针形,叶缘有疏浅的钝锯齿。叶脉明显,侧脉纤细,自主脉向上斜出,在下部分叉。叶坚草质或草质,干后棕绿色或褐棕色,光滑。孢子囊群成 1 行位于主脉两侧,肾形,生于每组侧脉的上侧小脉顶端,位于从叶边至主脉的 1/3 处;囊群盖肾形,褐棕色,边缘色较淡,无毛。

肾蕨 *Nephrolepis auriculata* 是国内外广泛应用的观赏蕨类,比较容易种植。

(二)观察种子植物

(1)裸子植物的观察,以苏铁 *Cycas revoluta* 为例,用放大镜观察。

苏铁 *Cycas revoluta* 为优美的观赏树种,树干高约 2m,有时达 8m 或更高,圆柱形,有明显螺旋状排列的菱形叶柄残痕。羽状叶从茎的顶部生出,下层的向下弯,上层的斜上伸展,整个羽状叶的轮廓呈倒卵状狭披针形,长 75～200cm,叶轴横切面四方状圆形,柄略呈四角形,两侧有齿状刺,水平或略斜上伸展,刺长 2～3mm;羽状裂片达 100 对以上,条形,厚革质,坚硬,长 9～18cm,宽 4～6mm,向上斜展微成"V"字形,边缘显著地向下反卷,上部微渐窄,先端有刺状尖头,基部窄,两侧不对称,下侧下延生长,上面深绿色有光泽,中央微凹,凹槽内有稍隆起的中脉,下面浅绿色,中脉显著隆起,两侧有疏柔毛或无毛。

雄球花圆柱形,长 30～70cm,径 8～15cm,有短梗,小孢子飞叶窄楔形,长 3.5～6cm,顶端宽平,其两角近圆形,宽 1.7～2.5cm,有急尖头,尖头长约 5mm,直立,下部渐窄,上面近于龙骨状,下面中肋及顶端密生黄褐色或灰黄色长绒毛,花药通常 3 个聚生;大孢子叶长 14～22cm,密生淡黄色或淡灰黄色绒毛,上部的顶片卵形至长卵形,边缘羽状分裂,裂片 12～18 对,条状钻形,长 2.5～6cm,先端有刺状尖头,胚珠 2～6 枚,生于大孢子叶柄的两侧,有绒毛。

种子红褐色或橘红色,倒卵圆形或卵圆形,稍扁,长 2～4cm,径 1.5～3cm,密生灰黄色短绒毛,后渐脱落,中种皮木质,两侧有两条棱脊,上端无棱脊或棱脊不显著,顶端有尖头。花期 6—8 月,种子 10 月成熟。

苏铁 *Cycas revoluta* 喜暖热湿润的环境,不耐寒冷,生长甚慢。

(2)被子植物的观察。

被子植物的种子为果皮所包裹,可分为双子叶植物和单子叶植物。双子叶植物的观察以木兰科的白兰 *Michelia alba* 为例,单子叶植物的观察则以禾本科的马唐 *Digitaria sanguinalis* 为例。用放大镜观察。

木兰科植物的共同特征主要如下:乔木或灌木,树皮、叶、花常有香气;单叶互生,具羽状脉。花大型,单生、顶生或腋生,多数为两性花,花被花瓣状。雄蕊多数,花丝短,花药长;雌蕊为群生单雌蕊;雌雄蕊均螺状排列在伸长的圆柱状心皮轴上。成熟心皮常开裂,种子常挂在丝状的珠柄上。果实多为聚合蓇葖果。

白兰 *Michelia alba* 是常绿乔木,高达 17m,枝广展,呈阔伞形树冠;胸径可达 50cm;树皮灰色;枝叶有芳香;嫩枝及芽密被淡黄白色微柔毛,老时毛渐脱落。叶薄革质,长椭圆形或披针状椭圆形,长 10~27cm,宽 4~9.5cm,先端长渐尖或尾状渐尖,基部楔形,上面无毛,下面疏生微柔毛,干时两面网脉均很明显;叶柄长 1.5~2cm,疏被微柔毛;托叶痕达叶柄中部。

花白色,极香;花被片 10 片,披针形,长 3~4cm,宽 3~5mm;雄蕊的药隔伸出长尖头;雌蕊群被微柔毛,雌蕊群柄长约 4mm,心皮多数,通常部分不发育,成熟时随着花托的延伸,形成蓇葖疏生的聚合果;蓇葖熟时鲜红色。花期 4—9 月,夏季盛开,通常不结果。

白兰 *Michelia alba* 原产于印度尼西亚爪哇,现广植于东南亚。

禾本科植物的共同特征描述如下:一年、两年或多年生草本,稀为灌木或乔木(如竹类)。须根,常具根茎,地上茎称为秆;秆常为圆柱形,稀扁平或方形,具有显著的实心节,节间中空或稀为实心。直立、倾斜或匍匐。单叶互生,2 列,具叶片和叶鞘;叶片狭长,具纵向平行脉,或有时具横向小脉;叶鞘包秆,开放或稀闭合;叶片与叶鞘连接处内侧常具膜质或纤毛状叶舌,外侧常稍厚,称为叶颈;两侧常具突起或纤毛状,称为叶耳。花序由许多小穗构成,小穗具柄或无柄,排列穗形或圆锥形;小穗包含 1 朵至数朵小花,2 列着生于小穗轴的花轴上,其基部有两苞片,称为颖,小花两性,稀单性。雄蕊 3 枚轮生或 6 枚排列两轮,花丝线状,着生于花药基部;雌蕊 1 枚,子房上位,1 室 3 心皮,内含 1 胚珠,花柱 2 枚,柱头常为毛刷状或乳突状。主要为颖果,极少为浆果、坚果等;种子有大量粉质胚乳及小型的胚。可分为禾亚科和竹亚科。

马唐 *Digitaria sanguinalis* 为禾本科禾亚科马唐属一年生杂草。秆直立或下部倾斜,膝曲上升,高 10~80cm,直径 2~3mm,无毛或节生柔毛。叶鞘短于节间,无毛或散生疣基柔毛;叶舌长 1~3mm;叶片线状披针形,长 5~15cm,宽 4~12mm,基部圆形,边缘较厚,微粗糙,具柔毛或无毛。总状花序长 5~18cm,4~12 枚成指状着生于长 1~2cm 的主轴上;穗轴直伸或开展,两侧具宽翼,边缘粗糙;小穗椭圆状披针形,长 3~3.5mm;第一颖小,短三角形,无脉;第二颖具 3 脉,披针形,长为小穗的 1/2 左右,脉间及边缘大多具柔毛;第一外稃等长于小穗,具 7 脉,中脉平滑,两侧的脉间距离较宽,无毛,边脉上具小刺状粗糙,脉间及边缘生柔毛;第二外稃近革质,灰绿色,顶端渐尖,等长于第一外稃;花药长约 1mm。花果期 6—9 月。

马唐 *Digitaria sanguinalis* 广布于我国各地,也分布于北美和欧洲,见于草坪、田野和荒地。

六、注意事项

由于观察材料和对象较多,观察过程请注意作详细记录,不要混淆。

七、作业与思考

(1)试比较苔藓植物与蕨类植物的形态特征。

(2)裸子植物的主要特征是什么?

(3)双子叶植物与单子叶植物有何区别?

实验五 植物检索表的使用练习

一、实验目的

通过实验,初步了解检索表的意义、制作和使用方法。

二、实验内容

(1)了解检索表的编排格式和使用方法。
(2)选择3种植物,详细观察、记录并检索,查出所给植物属于哪一科、属、种。

三、实验仪器和用品

放大镜,解剖针、镊子、广州植物检索表,3种带花、果、枝、叶的新鲜植物。

四、实验原理

植物检索表是识别植物的重要工具。只要了解了有关描述植物形态的术语,植物标本形态也较完整,就可以利用检索表顺利查出各种植物的名称及其在植物分类学上的地位。

检索表的编制是根据拉马克二歧分类原则,把原来一群植物相对的特征分成相应的两个分支,再把两个分支中相对的性状又分成相对应的两个分支,依次下去,直到编制的科属或种检索表的终点为止。

为了便于使用,各分支按其出现先后顺序,前边加上一定的顺序数字,相对应的两个分支前的数字或符号应是相同的。每两个相对应的分支,都编写在距书的左边有相等距离的地方,又在每一个分支下边相对应的两个分支,较先出现的向右低一个字的空格,这样继续下去,直到编制的终点为止。通常有分科、分属、分种3级检索表。

植物分科检索表,用以区别各个科,以毛茛科、木兰科、樟科为例:

1 草本···毛茛科
1 木本
  2 蓇葖果,植物体无芳香·······························木兰科
  2 核果,植物体有芳香·································樟科

植物分属检索表,用以区分同一科中的不同属,以毛茛科的芍药属 *Paeonia* 和飞燕草属 *Consolida* 为例:

1 花辐射对称···芍药属 *Paeonia*
1 花两侧对称···飞燕草属 *Consolida*

植物分种检索表,用以区分同一属中的不同种,以毛茛科芍药属中的牡丹 *Paeonia suffruticosa* 和芍药 *P. lactiflora* 为例:

1 灌木,心皮有细毛·····················牡丹 *Paeonia suffruticosa*
1 草本,心皮无毛·····················芍药 *Paeonia lactiflora*

由上述例子可见,植物检索表并不是将植物的全部特征都写上去,而是只写上一个或几个不同的主要特征。检索表通常以花、果实的异同作为主要区别依据,这是因为植物的花、果实变化小,有比较稳定的性质;而植物的叶和茎的性状常受环境变化的影响而产生变化。

五、实验步骤

(1)将需要检索的植物,按下列各个项目对其形态特征作详细观察和记录。
①习性:乔木、灌木、草本(一年生、二年生、多年生)、藤本。
②枝:性状(圆形、三角形、四方形等)、颜色(被毛或秃净)。
③叶:叶序、叶形、叶缘、叶尖、叶茎、叶脉、叶质、香味、有无叶柄、叶柄长短、有无托叶、有无表皮毛、表皮毛之形状等。
④花:花的着生方式(单生、簇生或成花序、顶生或腋生)、颜色、香味、花萼、花冠、雄蕊、雌蕊,从外轮至内轮逐轮观察。
⑤果实:类型、色、香、味及其形成。
(2)使用植物检索表,按上述记录进行检索,得出某植物属于氨基酸科,再在该科内查出某属,再从该属内查出该植物的种名。

六、注意事项

解剖花时,将花的各部分逐轮按其生长时的关系和位置放在实验台上,避免产生紊乱,以便在实验中核对。

七、作业与思考

(1)检索练习以小组为单位,对给定的3种植物进行详细观察记录并检索,查出所给植物属于哪一科、属、种及它们的名称。
(2)课余时间,采集校园里有花和果实的植物,使用植物检索表,逐一查出各种植物的属的科、属、种名。

实验六 植物主要科属种的观察——校园植物识别

一、实验目的

(1)通过对校园附近植物的观察,认识40种热带、亚热带植物种。
(2)通过观察常见植物的主要特征,进一步熟悉识别植物的形态术语,为认识各种植物和进行植物地理野外实习打下基础。

二、实验内容

观察校园植物,主要观察对象为苏铁科、木兰科、樟科、大戟科、桃金娘科、含羞草科、苏木科、蝶形花科、桑科、禾本科植物。

三、实验仪器和用品

放大镜、笔记本、笔、照相机。

四、实验原理

据统计,大学城广州大学校区共种植有园林植物 107 科 400 余种。其中,以银杏科等 12 科为代表,其主要特征描述如下。

1. 银杏科

植物体为落叶大乔木,胸径可达 4m,幼树树皮近平滑,浅灰色,大树之皮灰褐色,不规则纵裂,有长枝与生长缓慢的柱状短枝。叶为单叶,扇形,具长柄,在长枝上呈辐射散生状,在短枝上呈簇生状,两面淡绿色,先端 2 叉分裂。

花单性,雌雄异株,稀同株,球花单生于短枝的叶腋;雄球花成葇荑花序状,雄蕊多数,各有 2 花药;雌球花有长梗,梗端常分两叉(稀 3~5 叉),叉端生 1 具有盘状珠托的胚珠,常 1 个胚珠发育成 1 个种子。

种子核果状,具长柄,下垂,椭圆形、长圆状倒卵形、卵圆形或近球形;假种皮肉质,被白粉,成熟时淡黄色或橙黄色;种皮骨质,白色,常具 2(稀 3)纵棱;内种皮膜质,胚乳丰富,子叶常 2 枚,发芽时不出土。

本科只有 1 属 1 种,银杏 *Ginkgo Biloba*,为孑遗植物,起源可以追溯到古生代二叠纪,中生代遍布于全世界,现今为我国特有种。

2. 苏铁科

常绿乔木,具独立的柱状主干,通常不分枝,高 1~4m,有时高达 20m。圆锥根粗大,深入土中。单生或丛生,雌雄异株。

叶二型,一为鳞片叶,长卵形,先端尖锐,密被褐色毛,紧密排列在茎上,宿存;另一为羽状深裂叶,大型,柄基部小羽片成刺状,羽片具中肋而无侧肋,幼时向内拳卷,老化脱落后在茎干上留下永久性叶基,与鳞片叶一起组成胄甲状的被覆物。

雌花雄花均着生于茎顶。雄花呈圆锥形,雌花半球状。种子扁平到卵形,外种皮朱红色。

苏铁科出现于古生代二叠纪,中生代三叠纪至早白垩世最繁盛,晚白垩世剧减,进入新生代第三纪至第四纪更为减少。现存苏铁科植物共 10 属约 100 种,分布于东西半球的热带及南亚热带,少数种可沿干热河谷延伸分布至中亚热带。我国仅有 1 属约 25 种。

3. 木兰科

落叶或常绿的乔木或灌木。树皮、叶、花有香气。单叶互生,全缘,托叶大,脱落后留存枝上有环状托叶痕。花大,两性,单生枝顶或叶腋,萼片和花瓣很相似、分化不明显(统称花被),排列成数轮,分离;花托柱状;雄蕊、雌蕊均为多数,分离,螺旋状排列。果实为聚合果,背缝开裂,稀为翅果或浆果。种子胚小,胚乳丰富。

木兰科有 15 属约 250 种,分布于亚洲的亚热带和热带,少数在北美南部及中美洲。我国有 11 属 100 多种,集中分布于西南部和南部地区。

木兰科植物具有极高的科研价值及开发利用价值,又具有芳香、药用、木材等多种经济效益和绿化、美化、优化环境等生态效益,特别因其花色艳丽,花香宜人,树姿优美多态,树叶、聚合果各具特色,是一类具有很高观赏价值的园林绿化树种。

4. 樟科

常绿或落叶木本(无根藤属除外)。叶片及树皮均有油细胞,常有樟脑或肉桂油香气;单叶互生,或因节间缩短似对生、近对生或轮生,全缘,三出脉或羽状脉,下面常有灰白色粉,无托叶。

花两性,少数单性,辐射对称,组成腋生或近顶生的圆锥花序、总状花序或丛生花簇。花各部轮生,3 基数,花被 4~6,排成 2 轮,被丝托(花被、花托和花丝相结合而形成)短,结果时脱落或增大成杯状或盘状的果托;雄蕊 9(3~12),每轮 3 枚,常有第 4 轮退化雄蕊,第 1、2 轮雄蕊花药内向,第 3 轮雄蕊花药外向,花药基部常有腺体;子房上位 1 室,有胚珠 1 颗;花柱 1,柱头盘状,扩大或开裂,有时不明显。

果为浆果状核果,有时为宿存的花被或花被筒承托,部分包围或全部封闭;果梗圆柱形,有时肉质。种子无胚乳,子叶厚肉质,胚芽明显。

本科约 45 属 2500 种,分布于新旧热带或亚热带。我国产 20 属 480 种,多产于长江流域及其南部各省,为我国亚热带常绿阔叶林的主要树种,其中许多是优良木材、油料及药材。

5. 桃金娘科

常绿灌木或乔木;单叶对生,少互生或轮生,全缘,羽状脉或基出 3~5 脉,常有边脉,常有透明的腺点(在阳光照射下更为明显),揉之有香气,无托叶。

花两性,很少杂性,辐射对称,单生或排成各式花序;萼筒与子房略合生,萼片 3 枚至多枚,宿存;花瓣 4~5,着生于花盘边缘,或与萼片联成一帽状体;雄蕊多数,常成数束生于花盘边缘,与花瓣对生;花药纵裂或顶裂,药隔末端常有 1 腺体;子房下位或半下位,1 室至多室,每室有胚珠 1 颗至多颗,中轴胎座,极少为侧膜胎座。果为浆果、核果或蒴果,顶端常有凸起的萼檐;种子 1 颗至多颗,无胚乳。

本科约 75 属 3000 种,分布于热带和亚热带地区。我国产 9 属 124 种,另已驯化的有 6 属。

6. 含羞草科

乔木或灌木,很少草本;叶为二回羽状复叶,很少一回羽状复叶,叶柄及叶轴上常具腺体;花小,两性或杂性,辐射对称,排成穗状花序、总状花序或头状花序;萼管状,5 齿裂,裂片镊合状排列,很少覆瓦状排列;花瓣镊合状排列,分离或合生成一短管;雄蕊通常多数,或与花冠裂片同数或为其倍数,分离或合生成管;子房上位;果为荚果,有时具有次生横隔膜。种子具少量胚乳或无胚乳,子叶扁平。

本科约 40 属 1900 种,分布于热带亚热带地区。我国产 13 属 30 多种。

7. 苏木科

乔木、灌木或稀为草本;叶为一至二回羽状复叶,稀单叶或单小叶;托叶常缺;花常美丽,稍左右对称,排成总状、穗状或聚伞花序;萼片 5 枚或上面 2 枚合生;花瓣 5 枚或更少或缺,上升为覆瓦状排列;雄蕊 10 枚或较少,分离或各式连合;荚果各式,通常 2 瓣开裂,或有横隔膜。

本科 80 属 1000 种,分布于热带及亚热带地区。我国产 20 属 100 多种。

8. 蝶形花科

草本、灌木或乔木,直立或攀缘状;叶通常互生,单叶,3 小叶或一至多回羽状复叶,常有托叶;花两性,两侧对称,具蝶形花冠;常组成总状花序或圆锥花序;花萼 5 裂,具萼管;花瓣 5,为下降覆瓦状排列,最上一片为旗瓣,两侧不同程度平行的两片为翼瓣,最下的两片下侧边缘合生成龙骨瓣;雄蕊 10 枚,上面 1 个分离,其余 9 枚连合,组成二体雄蕊,或合生为单体雄蕊,很少为全部离生;雌蕊 1 心皮,子房上位,1 室,胚珠 2 至多数生于沿腹缝线着生的侧膜胎座上;荚果不开裂或开裂,或具荚节;种子通常无胚乳。

本科约 525 属 10 000 种,分布于全世界。我国产 103 属 1000 多种,全国各地均产。

9. 桑科

木本或草本,偶为藤本,常有乳汁,具钟乳体;叶多互生,托叶明显,早落;花单性,同株或异株,排成柔荑、穗状、头状或隐头花序;雄花:花被片 2~4 枚,有时仅为 1 枚或更多至 8 枚,分离或合生,覆瓦状或镊合状排列,宿存;雄蕊通常与花被片同数而对生,花丝在芽时内折或直立,退化雌蕊有或无。雌花:花被片 4 枚,稀更多或更少,宿存;子房 1 室,稀为 2 室,上位、下位或半下位,或埋藏于花序轴上的陷穴中,每室有倒生或弯生胚珠 1 枚,着生于子房室的顶部或近顶部;花柱 2 裂或单一。果为瘦果、坚果或浆果,常成聚花果。种子具胚乳或缺,胚弯曲。

本科约 53 属 1400 种,主要分布于热带和亚热带地区。我国约产 16 属 150 种,主要分布于长江以南各省区。

10. 大戟科

木本或草本,常有乳汁;单叶互生,间有对生,少数为复叶,叶基部常有腺体,托叶早落;花单性,雌雄同株或异株,花序多种,常为聚伞花序或大戟花序(杯花,此花序由 1 朵雌花居中,周围环绕以数朵或多朵仅有 1 枚雄蕊的雄花所组成);萼片 2~5 枚,在特化的花序中有时萼片极度退化或无;无花瓣,或少数有花瓣而合生;有花盘或腺体;雄蕊 1 枚至多数,花丝分离或合生成柱状;花柱与子房室同数,分离或基部连合,顶端常 2 裂至多裂,柱头形状多变。果为蒴果,少为浆果状或核果;种子有明显的种阜,胚乳肉质。

本科约 280 属 8000 种,广布于全世界,主产于热带。我国约产 61 属 360 种,主要分布于长江以南各省区。本科为热带性大科,具有较高的经济价值。

11. 芸香科

木本,稀草本,常具刺,茎叶树皮有柑橘油香气;叶为复叶,稀为单小叶,有透明油腺点,含挥发油,无托叶;花两性,稀单性,辐射对称;萼片3~5枚,分离或连合;花瓣3~5枚,多为离生,或不存在;雄蕊与花瓣同数或加倍,稀更多,如系2轮时,外轮雄蕊与花瓣对生;花盘生于雄蕊内侧;子房上位;聚伞花序,稀总状或穗状花序,更少单花;坚果、核果或蒴果,稀为蓇葖果;种子有胚乳或缺。

本科约150属1600种,南非及澳大利亚最多。我国产28属154种。

12. 茜草科

木本、草本或藤本;单叶,对生或轮生,常全缘;托叶2枚,位于叶柄间或叶柄内,分离或合生成鞘状,明显而常宿存,稀脱落;花两性,辐射对称,花被片4~5枚,单生或排成各种花序;花萼筒与子房连生,萼齿有时其中1个增大而成叶状;花冠合瓣,筒状、漏斗状、高脚碟状或辐状,裂片4~6对,各式排列;雄蕊与花冠裂片同数而互生,着生于花冠筒上;子房下位;蒴果、核果或浆果,种子有胚乳,或有翅。

本科约450属5000种以上,主产于热带亚热带地区。我国产70多属450种以上,大部产于西南和东南。

五、实验步骤

由指导老师带领,在学校附近观察和讲解常见植物的特征。

六、注意事项

注意应用前面所学的形态术语,对照教材仔细观察各种植物,要求识别最常见的植物30~40种。

七、作业与思考

(1)描述校园里10种常见的不同科植物的主要特征。
(2)如何区分木本植物(包括乔木、灌木、半灌木)和草本植物?
(3)校园及附近地区的植物中,有哪些主要的科?请描述它们的主要特征。

实验七 植物与环境相互关系的野外观察

一、实验目的

(1)通过对野外植物立地条件的观察,进一步理解植物与环境的条件关系。
(2)进一步认识热带、亚热带植物的主要种类,了解它们的适应特征。

二、实验内容

观察华南植物园的棕榈科植物区、孑遗植物区、蒲岗植物区、热带植物区、阴生植物区,观察植物的立地条件(环境特征)与植物的适应特征。

三、实验仪器和用品

放大镜、笔记本、铅笔、照相机。

四、实验原理

1. 棕榈科植物的基本特征

乔木或灌木,茎通常不分枝,单生或丛生,直立或攀缘,常覆以残存的老叶柄基或留下叶痕;叶通常较大,全缘或羽状、掌状分裂,芽时内向或外向折叠,常螺旋状聚生于茎顶而形成"棕榈型"树冠,或在攀缘的种类中散生;叶柄基部常扩大成为具纤维的叶鞘;花小,具苞片或小苞片,辐射对称,两性或单性,雌雄同株或雌雄异株,有时杂性,聚生成分枝或不分枝的肉穗花序,并为一枚至多枚大型的佛焰状总苞包着,生于叶丛中或叶鞘束下;花被片 6 枚,分离或合生,镊合状或覆瓦状排列;雄蕊 6 个,两轮;花丝直立或在芽时内曲,分离或合生,或着生于花瓣上;花柱常短而不明显;柱头直立或下曲;子房上位;果为核果、浆果或坚果,外果皮常纤维质,或覆以覆瓦状排列的鳞片;种子与内果皮黏合或分离。

本科约 217 属 2500 种,分布于热带亚热带地区,而以亚洲和美洲为分布中心,是热带地区重要的植物资源,广泛引种栽培。我国包括约有 22 属 60 多种,分布于西南至东南。

2. 孑遗植物

孑遗植物,也称作活化石植物,是指起源久远的那些植物。在新生代第三纪(古近纪+新近纪)或更早有广泛的分布,因为地质运动及气候的变化,大部分已经灭绝,只存在很小的分布范围。这些植物的形状和在化石中发现的植物基本相同,保留了其远古祖先的原始形状。但其近缘类群多已灭绝,因此在分类系统中显得比较孤立。

因此,在地质时代曾经昌盛一时,占有广大面积的植物类群,由于地层或气候的变动,大部分消失殆尽,仅有极少数生长在优越地点的种类,未蒙受环境剧变的劫运,侥幸地延绵下来,这类植物通称孑遗植物。据此可见,孑遗植物的特性是,有关的亲族都已灭绝,仅能从化石中去辨认,现存种类的生存地区零落,分布范围狭小。

3. 植物与环境

有植物的生活离不开环境。植物与环境之间的关系是相互的,在一定环境中的植物,必然受环境因素的影响,同时植物也不可避免地会给环境带来影响甚至改变。环境因素中的光照、温度、水分(湿度)、大气(或风)、土壤等都是对植物生长产生影响的生态因素。

在植物与环境的关系中,植物有其主动性,对环境具有选择性,可对环境进行适应。而植物的生长活动又可对环境产生影响,这种影响对环境的变化产生不可忽略的作用,可使环境不断地朝着一定方向改变。

植物与环境的关系是统一的。不适应环境变化的植物,终究不免被淘汰;在不断变动的环境中,植物也朝着一定方向发生变异并适应,这往往成为植物种的演化与发展历史。

五、实验步骤

(1)观察棕榈科植物区,注意了解棕榈科植物的共同特征及其生长环境,以及它们的形态特征与生态条件的关系。

(2)观察孑遗植物区,注意区别孑遗植物的形态特征,分析其生长环境条件的特点与环境的相互关系,注意植物的生长与光照的关系。特别注意观察水松 *Glyptostrobus pensilis*、水杉 *Metasequoia glyptostroboides*、落羽杉 *Taxodium distichum* 这 3 种植物,了解它们的形态特征与生长环境的关系。

(3)观察蒲岗植物区,注意南亚热带植被的群落特征和植物群落的种类组成。

(4)观察热带和阴生植物区,注意植物的生态环境与适应特征,认识一些重要的热带经济作物。观察热带肉质植物时,选一些仙人掌科、大戟科、景天科的植物进行观察,注意其形态特征与生态环境的关系。观察阴生植物时,注意选择一些蕨类植物、兰科植物进行观察,注意其生态环境及生态适应特征。

(5)观察裸子植物区和经济作物区,认识一些重要的裸子植物和经济植物,了解它们的适应特征。

六、注意事项

(1)观察过程请注意应用前面植物的形态术语,详细记录各种植物的形态适应特征。
(2)注意详细记录各个观察地点的环境特征。

七、作业与思考

(1)根据观察,说明不同类型植物叶的形态构造对光、水的适应特征。
(2)水生植物的通气组织对水生植物有什么特殊意义?
(3)以水松 *Glyptostrobus pensilis*、水杉 *Metasequoia glyptostroboides*、落羽杉 *Taxodium distichum* 为例,说明它们与环境条件的关系以及适应特征。
(4)以今天认识的热带植物为例,说明它们的共同特征及其与环境的相互关系。
(5)以实例说明植物群落与环境的关系以及植物对环境的适应特征。

第二部分

罗浮山土壤与植物地理实习

第三章 广东省罗浮山自然地理概况

一、地理位置

罗浮山,又名东樵山,由罗山与浮山合称而得名。罗浮山屹立于广东省珠江三角洲的东缘,北跨博罗、增城、龙门三县,绵延100多千米,面积260km²,是新华夏构造第二复式隆起带中的罗浮山脉的主脉,其峰顶称为飞云顶,海拔高度1296m。其中建立于1985年11月的广东罗浮山省级自然保护区,地理位置为N23°13′28″—23°20′00″,E113°51′30″—114°03′12″,保护区规划总面积97.44km²(图3-1)[①]。

罗浮山山体庞大,山势雄伟,风景秀丽,与鼎湖山、丹霞山、西樵山一起被称为广东的"四大名山"。然而,罗浮山兼备众长而独具特色,其山地广大、奇峭,可与丹霞媲美;其峻拔可与西樵争雄;其挂瀑之壮观,山水之奇绝,又可与鼎湖并肩,令人赞叹。古代游历岭南大山名川的文人墨客,称其为"五岭众山皆拱附"的"百粤群山之祖"。因此,罗浮山还拥有"岭南第一山"之称。

二、地质地貌特征

罗浮山山体古老,形成始于中生代的白垩纪。其南缘为广州-博罗大断裂,东部为罗浮大断裂,西缘为广从大断裂,其基底为前寒武纪浅变质岩。加里东运动和燕山运动时发生过3次岩浆侵入,形成隆起山地,后经喜马拉雅运动和以后新构造运动地势抬高,断裂带也在喜马拉雅期重新复活,把花岗岩侵入体分割为菱形块体。据精密水准测量结果,罗浮山至今还以每年4~8mm的速度上升。由于上升的花岗岩侵入体暴露于地表,经历了漫长岁月里的强烈侵蚀作用,形成了今日高大的花岗岩穹隆构造。现在,罗浮山的岩性以二云母花岗岩、粗粒黑云母花岗岩和斑状黑云母花岗岩为主,另有少量的中性脉岩、片麻岩及绢云母片岩零星出露。

在地貌上,因受构造作用影响,罗浮山地呈北东-南西走向,其西北坡为增江谷地,南和东南坡为东江谷地。以主峰飞云顶为中心,周围432座大小山峰围绕着,构成向四周辐射的网状山地,地形复杂,地势亦以主峰为中心向四周倾斜,坡向多为南坡、北坡、东北坡(图3-2)。但明显地,罗浮山存在着三级夷平面:第一级为海拔300m左右,第二级为海拔600m左右,第三级为海拔900~1000m。这反映了罗浮山自中生代以来经历过几次剥蚀与抬升。由于花岗

[①] 中国林业科学研究院热带林业研究所,广州力方信息科技有限公司,广州大学,广东罗浮山省级自然保护区.广东罗浮山省级自然保护区总体规划(2011—2020),2010:1-233.

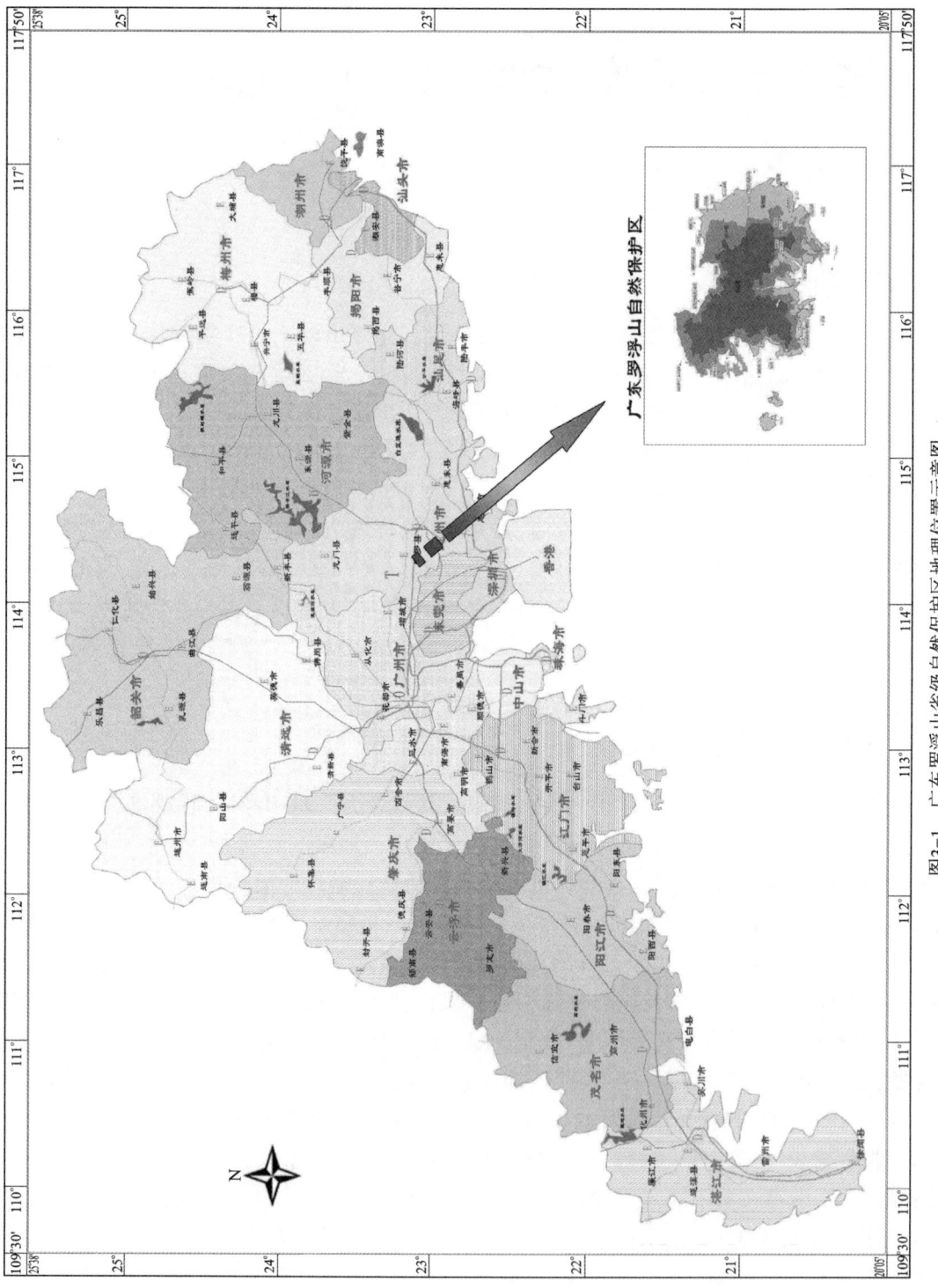

图3-1 广东罗浮山省级自然保护区地理位置示意图

第三章 广东省罗浮山自然地理概况

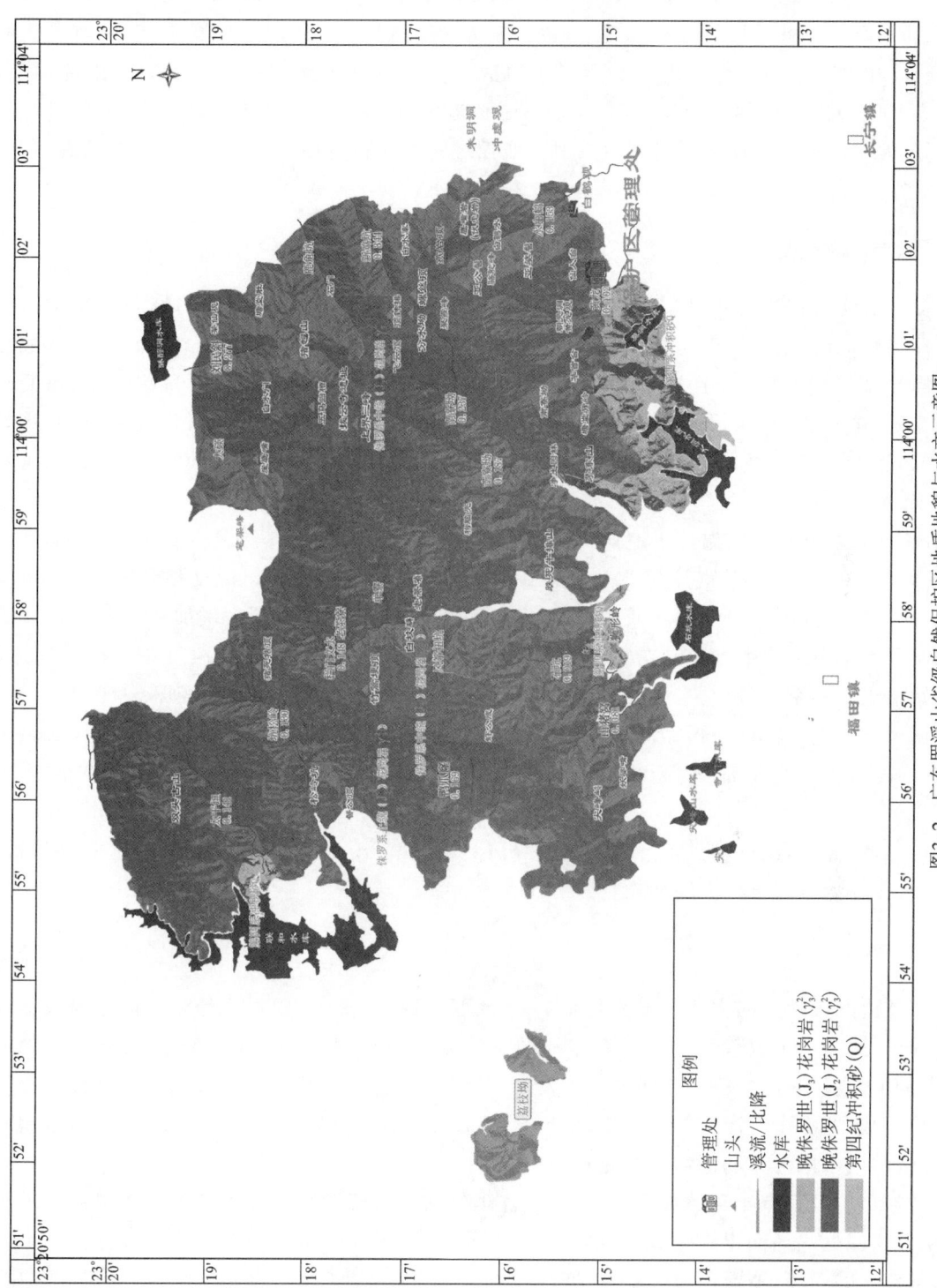

图3-2 广东罗浮山省级自然保护区地质地貌与水文示意图

岩山体穹隆构造影响,节理呈放射状分布,沟谷沿节理发育,海拔 1000m 以下的山体已被沟谷切割破碎,形成所谓"罗浮十八面";被沟谷切割而成的坡脊明显,怪石嶙峋,构成了骆驼峰、双人石、仙女石等各种千姿百态的造型。由于花岗岩球状风化,山谷中石蛋满布,冲虚观前的"飞来石"和"仙人卧榻"都是由这些石蛋所组成。在黄龙观山麓有一片巨大的石蛋堆积扇。在海拔 1000m 左右的第三级夷平面,又是另一种地貌,由相对高度很低的残丘组成,因机械风化强烈,大小砾石裸露地面,俗称"烂头山",残丘之间有比较宽广的谷地,水草林木茂盛,有些封闭的谷地则成为沼泽。

三、气候特征

罗浮山地处南亚热带北缘,北回归线偏北穿过,属我国东南沿海南亚热带海洋性季风气候。日照充足,全年气温较高,山下年平均气温 21~21.5℃,最冷月平均气温 12~13℃,最热月平均气温 28~29℃,高于 10℃积温 7287~7340℃,多年极端最低气温 0℃左右,无霜期长达 345 天,雨量充沛,年平均降水量 1800~1900mm,多集中在 4—9 月,占全年降水量的 86%,10 月至次年 3 月,占全年降水量的 14%,干湿季明显,每年受到台风侵害,都有狂风暴雨出现。

山上因地势较高,气温比平地低,多云雾,降水较多。根据小气候资料测定,从山脚到山顶,平均温度相差 5.3℃,气压相差 112.7mbar(1mbar=10^2Pa)),相对湿度相差 7.1%。也就是说,海拔每升高 100m,气温降低 0.44℃,气压降低 9.2mbar,相对湿度增加 0.6%,气候垂直变化明显。冬季山谷中有逆温现象,在 800m 以上山坡有些年份会结冰,但时间不长,2~3 天便开始融化。冬季风可沿罗浮山山脉和九连山脉之间的谷地侵入,风口经酥醪观和下塑谷地。据当地测定,风口区的风力比周围大 2 级,气温低 2℃。此外,山顶因终年风力较大且恒定,有的灌木因而弯曲成旗状,指向南南西方向。北坡与南坡差别也很大,冬季气温差可达 5℃。

可见,罗浮山具有南亚热带地区高温多雨,冬不严寒,干湿季节明显的气候,这对其植被、土壤、水文等因素都有极大的影响。

四、水文特征

罗浮山的山地走向主要表现为北北东-南南西,且山体高显,雨量充沛。山体迎风坡面迎东南季风,截留的水汽较多。由于有充沛的水汽来源,以及放射状的沟谷、三级夷平面的存在,再加上沟谷中林木茂盛,花岗岩节理发育,这些因素造成了罗浮山"山山有泉,处处瀑布"。据古籍记载,罗浮山有瀑布山泉 980 多处,溪涧 72 条,著名的瀑布有桃子园附近的白水漓瀑布、北坡的白水门瀑布和南坡的黄龙观瀑布。

罗浮山不仅拥有丰富的水力资源,还有优越的地下水资源。罗浮山的地下水以泉涌的方式,从岩层深处喷涌而出,形成星罗棋布的良井喷泉,其中以长生井和卓锡泉最为著名。

从流域的角度,罗浮山属于增江、东江流域地区,是横河、沙河的发源地(图 3-2)。其中,横河发源于横河镇何家田大银坑一带高山深谷,最后注入显岗水库(1968 年建成),全长约 3.5km,属季节河,冬浅夏涨;沙河是东江下游一级支流,其主要支流里波水,发源于罗浮山上的拨云寺,河水流量随季节变化悬殊,汛期多雨,流量大,少雨季节流量小,但溪流不断。源头地区谷深河窄,弯道多,比降大,水流急,有些地段形成阶梯状多级瀑布,其中白水门瀑布就在北坡的酥醪洞附近,瀑布宽达20m,高100m,从崖顶直泻而下,腾飞三级陡坡。罗浮山是周边地区水库的给水源头,流水经过12条河溪,最后汇入周围地区大小水库共有7座。

五、土壤特征

土壤的发生受岩石、地形、气候、生物和人为活动的共同影响。罗浮山的土壤,因母质为花岗岩,总体上含有较多的砾石、粗砂及云母。但因山体高度较高,从土壤剖面可看出其具有垂直带性分布特征。

山麓地带,因为人类耕作活动,多为冲积水稻土。

海拔300m以下的低山丘陵,主要分布着赤红壤。这类土壤土层深厚,表层呈暗棕色,心土橙红色,网纹明显,质地为轻壤,结构为粒状,湿度较大,pH值小于5.0,表层有机质含量为2%~3%,向心土层急剧下降,底土层有机质在0.5%以下。其上分布的植被主要是处于演替发展阶段的南亚热带季风常绿阔叶林。

海拔300~350m以上,至600m的山地,分布的土壤类型转变为山地红壤,成土母质主要有花岗岩、变质岩和泥质板岩,土层一般不超过1m,表土呈黄红色或黄棕色,土壤质地为中壤土或轻壤土,砾石含量达26%~40%,表层有机质含量达到4.11%,pH值为5.5,轻度富铝化,胶体硅铝率为2.0左右。由于坡度大,地势较陡,土层一般较浅薄。其上分布的植被多为常绿阔叶林与马尾松林混交,或马尾松纯林。

海拔600~650m以上,至1100m左右,土壤类型属于山地黄壤。由于气候温暖,雨水多,湿度大,云雾多,植物物种丰富,表层有机质积累明显,土层有机质含量达到6%~8%,心土出现大量游离氧化铁与水结合形成的水化氧化铁,pH值为4.8。近1000m处属生草黄壤,由于草本植物明显增加,覆盖度大,根系密集,土壤生草化明显,有机质层厚。其上分布的植被主要为山地常绿阔叶林。

海拔1100m以上,分布的土壤主要为山地草甸土。由于气温低,风大,土层薄,乔木难以生长,植被类型主要为灌草丛。土壤表层有机质含量因草根的腐烂分解而较高,达到8.8%,pH值为4.7,土层呈暗黑色。

六、植物区系特征与植被类型

(一)植物区系特征

据初步调查和分类统计(见附录二),罗浮山地区共有植物214科808属1539种,其中蕨类植物35科53属121种和1变种,裸子植物8科11属15种,被子植物171科744属1371种和31变种。在被子植物中,双子叶植物占广东省植物科、属、种总数,分别为74%、43%、21%(表3-1、表3-2)。其中罗浮山自然保护区的植物区系以壳斗科、茶科、大戟科、樟科、桃金娘科和茜草科等为优势科。

表 3-1 广东主要保护区植物种类数量比较

保护区	科	属	种	栽培种
鼎湖山	243	1071	2437	417
黑石顶	190	654	1605	
南昆山	170	512	1100	56
车八岭	199	721	1448	
罗浮山	214	808	1539	155

表 3-2 罗浮山维管植物区系种类组成

植物类群统计			科	属	种	性状统计			栽培种
类别						木本	草本	藤本	
种子植物	裸子植物		8	11	15	12	0	3	9
	被子植物	双子叶植物	145	590	1158	760	246	152	127
		单子叶植物	26	154	244	63	172	9	19
蕨类植物			35	53	122	12	95	15	
合计			214	808	1539	875	495	169	155

罗浮山的植物区系、植被类型与鼎湖山、南昆山、车八岭等地接近,是华夏植物区系的主要组成部分(表 3-1)。地带性植被类型属于南亚热带季风常绿阔叶林,在组成方面以常绿阔叶植物为主,也混生少量落叶种类。由于长期受到人类活动的干扰影响,原生植被保存较少,主要保留了一些次生植被,以及部分的人工植被,如马尾松林、杉木林、桉树林等。

罗浮山所处的地理位置,使得它的植物区系具有明显的过渡性特点,即具有明显的热带植物区系向亚热带植物区系过渡的特征,主要表现在如下各方面。

1. 热带植物丰富

在被子植物中,热带性的科有番荔枝科、胡椒科、水东哥科、桃金娘科、藤黄科、梧桐科、大戟科、苏木科、茜草科、棕褐科、芭蕉科等共 71 科,占罗浮山被子植物科总数(155 科)的 46%,但未发现有肉豆蔻科、猪笼草科、龙脑香等典型的热带科。

2. 常绿植物占优势

在罗浮山植物区系中,95% 以上的植物为常绿植物。乔木、灌木、木质藤本等绝大多数是常绿种类,这反映了我国南亚热带季风气候的生物学特点。由于冬季盛行东北季风,偶受寒潮影响,因而有少数的落叶乔灌木的种类出现,多分布在次生植物群落中,但不占重要地位。

常见者有枫香 Liquidambar formosana、山鸡椒 Litsea cubeba、檫木 Sassafras tzumu、野漆树 Toxicodendron succedaneum、盐肤木 Rhus chinensis、大血藤 Sargentodoxa cuneata、乌桕 Sapium sebiferum、山乌桕 S. discolor、余甘子 phyllanthus emblica、海红豆 Adenanthera pavoniana、满山红 Rhododendron mariesii、吊钟花 Enkianthus quingueflors、南烛 Vaccinium bracteatum、南酸枣 Choerospondias axillaris、八角枫 Alangium chinense、鸦胆子 Brucea javanica、木棉 Bombax malarica、苦楝 Melia azedarach、无患子 Sapindus mukorossi 等。

3. 温带植物种类贫乏

罗浮山植物区系有少量的温带成分，主要出现在海拔 600m 以上的地段，如大血藤科大血藤属 Sargentodoxa、槭树科槭树属 Acer、杜鹃花科杜鹃花属 Rhododendron、越橘科乌饭树属 Vaccinium、龙胆科龙胆属 Gentiana 等。

4. 孑遗植物较多

由于漫长的地质历史时期，罗浮山的环境相对稳定，这使罗浮山植物区系还有一个特点，那就是孑遗植物种类较多(占 5%)。蕨类植物和裸子植物有许多种是中生代或更古老的种类，现在罗浮山保存下来的孑遗植物有：古生代已出现的蕨类植物有松叶蕨科松叶蕨属($Psilotum$) 1 种，石松科石松属($Lycopodium$) 5 种，卷柏科卷柏属($Selaginella$) 5 种，莲座蕨科莲座蕨属($Angiopteris$) 等；中生代以前已生存的蕨类植物有紫萁属($Osmunda$) 2 种，里白科里白属 2 种等；侏罗纪已出现的蕨类植物有海金沙科海金沙属($Lygodium$) 4 种，蚌壳蕨科金毛狗属($Cibocium$) 1 种，乌毛蕨科苏铁蕨属($Brainea$) 1 种，桫椤科桫椤属($Cyachea$) 2 种等；中生代后期已生存的蕨类植物有木贼科木贼属($Equisetum$)；侏罗纪已出现的裸子植物有苏铁科苏铁属($Cycas$) 2 种；白垩纪已出现的裸子植物有杉科水松属($Glypiostrobus$) 1 种，罗汉松科罗汉松属($Pocodarpus$) 等。此外，被子植物中的一些种属在中生代的白垩纪已出现。

5. 珍稀濒危植物占据一定比例

罗浮山优越的地理位置，特殊的气候，复杂的地形，古老的地貌，为植物的生存创造了良好条件，使一些珍稀濒危植物得以生存发展。国家重点保护野生植物（第一批）共有 17 种，其中国家一级保护植物 3 种、国家二级重点保护植物 14 种（表 3-3）。

表 3-3 罗浮山自然保护区国家保护植物名录

植物种		保护级别
中文名	拉丁学名	
1. 苏铁（栽培）	*Cycas revoluta* Thunb.	I
2. 台湾苏铁（栽培）	*Cycas taiwaniana* Carruth	I
3. 水松（栽培）	*Glyptostrobus pensilis* (Staunt.) Koch	I
4. 水蕨	*Ceratopteris thalivtrodies* (L.) Brongn.	II

续表 3-3

植物种		保护级别
中文名	拉丁学名	
5. 苏铁蕨	*Brainea insignis*（Hook.）J. Sm.	Ⅱ
6. 金毛狗	*Cibotiwn barometz*（L.）J. Sm.	Ⅱ
7. 桫椤	*Alsophila spinulosa*（Hook.）Tryon	Ⅱ
8. 黑桫椤	*Cyathea podophylla*（Hook）Copel	Ⅱ
9. 厚朴	*Magnolia biloba* Cheng.	Ⅱ
10. 樟树	*Cinnamimum camphora*（L.）Presl.	Ⅱ
11. 白木香(土沉香)	*Aquilaria sinensis*（Lour.）Gilg.	Ⅱ
12. 格木	*Erythrophleum fordii* Oliv.	Ⅱ
13. 红楝子(红椿)	*Toona ciliata* Roem.	Ⅱ
14. 华南锥	*Castanpsis concinna*（Champ.）A. DC.	Ⅱ
15. 喜树	*Camptotheca acuminata* Decne.	Ⅱ
16. 紫荆木	*Madhuca subquincuncialis* Lam. etKerpel.	Ⅱ
17. 半枫荷	*Semiliquidambar cathayensis* Chang	Ⅱ

6. 特有植物丰富

植物特有种对研究罗浮山植物区系的起源和演化，对植物种源的保存，都有重要的科学意义。中国特有种分布在罗浮山植物区系中含 5 属 8 种(表 3-4)。

表 3-4 罗浮山保护区特有植物种

中文名	拉丁学名
1. 罗浮路蕨	*Mecodium lafoushanense* Ching et Chiu
2. 罗浮瓶蕨	*Trichomanes lofousganense*（Ching）Ching
3 罗浮山鳞盖蕨	*Microlepiq lofoushanensis* Ching.
4 腺柃	*Eurya glandulosa* Merr.
5. 罗浮梭罗树	*Reevesia lofouensis* Chun et Hsue.
6. 罗浮苹婆	*Sterculia subnobilis* Hsue.
7. 倒卵女贞	*Ligustrum obovatilimbum* Mico.
8. 罗浮紫珠	*Callicarpa oligantha* Merr.

7. 以罗浮山命名的模式物种也丰富

罗浮山植物区系中，有些植物种类是中外科学家最早在罗浮山采集的模式标本，并以罗浮山命名的,这样的植物种共有 20 种之多(表 3-5,加上表 3-4 中 6 种以罗浮命名的特有种植物)。

表 3-5　以罗浮山命名的植物种

中文名	拉丁学名
1.罗浮买麻藤	*Gnetum lofuense* Chen
2.罗浮中华石楠	*Photinia beauverdiana* Schneid. var. *lofuensis* Metc.
3.罗浮短肠蕨	*Allantodia metteniana*（Miq.）Ching
4.罗浮腺萼木	*Mycetia anoisosepala* How
5.罗浮柿	*Diospyros morrisiana* Hance
6.罗浮栲	*Castamopsis fabri* Hance
7.罗浮柯	*Lithocarpus lofouensis* Chun
8.罗浮冬青	*Ilex lofouensis* Merr.
9.罗浮槭	*Acer fabri* Hance
10.红果罗浮槭	*Acer fabri* var. *rubrocarpum* Metc.
11.罗浮泡花树	*Meliosma fordii* Hamsl
12.罗浮杜鹃	*Rhododendron henryi* Hance
13.罗浮粗叶木	*Lasianthus fordii* Hanc
14.酥醪绣球	*Hydrangea coenobialis* Chun

(二)植被特征

由于罗浮山的绝对高度和相对高度均超过千米,水热条件的垂直变化明显,而南、北坡的水热状况又有所不同,因此,自然地理景观变化复杂。

1. 海拔 600m 以下的基带植被

根据罗浮山所处的地理位置,其基带植被属于南亚热带季风常绿阔叶林。但因长期遭到人类的反复破坏,地域小气候及土壤均已发生变化,低温增高,湿度降低。这种生境条件的变化,使原常绿阔叶林的种属已不合适生长,取而代之的是马尾松 *Pinus massoniana*、桃金娘 *Rhodomyrtus tomentosa*、芒萁 *Dicranopteris dichotoma* 和黑莎草 *Gahnia tristis* 等组成的亚热带草坡类型。

季风常绿阔叶林只剩下一些林段,残存于基带地区的沟谷中,群落乔木层高度可达 20m 左右,植物种类丰富,优势种不明显,层次结构复杂。群落在垂直结构上可划分为 3～4 层,其中乔木层可划分出 1～2 层,灌木及草本各 1 层。乔木层植物主要有鱼尾葵 *Caryota ochlandra*、黄牛木 *Cratoxylum cochinchinense*、黄杞 *Engelhardtia roxburghiana*、红枝蒲桃 *Syzygium rehderianum*、山蒲桃 *Syzygium levinei*、蒲桃 *S. jambos*、阴香 *Cinnamomum burmanni*、华润楠

Machilus chinensis、水石梓 Sarcosperma laurinum、牛矢果 Osmanthus matsumuranus、榕属 Ficus 植物、木荷 Schima superba、厚壳桂 Cryptocarya chinensis、豺皮樟 Litsea rotundifolia var. oblongifolia、鸭脚木 Schefflera octophylla、锥栗 Castanopsis chinensis、红锥 C. hystrix、女儿香 Aquilaria sinensis、假苹婆 Sterculia lanceolata 等；灌木层高度 1～3m，有九节 Psychotria rubra、猴耳环 Pithecellobium clypearia、算盘子 Glochidion puberum、三脉马钱 Strychnos cathayensis、粗叶榕 Ficus hirta、假鹰爪 Desmos chinensis、毛菍 Melastoma sanguineum、三桠苦 Evodia lepta、五月茶 Antidesma bunius、罗伞树 Ardisia quinquegona、山油柑 Acronychia pedunculata、疏花卫矛 Euonymus laxiflora、箬竹 Indocalamus longiauritus 等，属于茜草科、紫金牛科、大戟科、野牡丹科、番荔枝科、桑科、茶科、芸香科、卫矛科等的植物种；草本层以耐阴或阴生植物为主，组成种类多为禾本科、莎草科植物，以及乌毛蕨 Blechnum orientale、苏铁蕨 Brainea insignis、桫椤 Alsophila spinulosa 等蕨类植物和山姜 Alpinia japonica、海芋 Alocasia macrorrhiza 等大型草本植物。沟谷雨林中藤本植物丰富，有买麻藤 Gnetum montanum、扁担藤 Tetrastigma planicaule 等木质藤本以及菝葜 Smilax china、鸡血藤 Millettia reticulata、牛大力藤 M. speciosa、刺果藤 Byttneria aspera、龙须藤 Bauhinia championii 等多种藤本植物，它们在林中缠绕，从而加深了群落结构的复杂性。此外，林中还常见附生植物。

在群落类型方面，海拔 250～600m 地带的北坡和东南坡，由高处往低处主要分布的是锥栗、木荷、润楠 Machilus spp.、罗伞树、穗花轴榈 Licuala fordiana 群落→红锥、箬竹群落→红锥、枫香 Liquidambar formosana、青椆 Castanopsis armata、润楠、水锦树 Wendlandia uvariifolia 群落→红锥、枫香、黄杞、藜蒴 Castanopsis fissa 群落。这些都是地带性的南亚热带季风常绿阔叶林群落。在海拔 250m 以下的东南坡，具体在冲墟观、麻姑村、白面石村等地的河谷和沟谷两旁，因环境湿热、土壤养分好，主要出现的是水翁 Cleistocalyx operculatus、蒲桃 Syzygium jambos 群落→黑桫椤 Cyathea podophylla、野生芭蕉 Musa spp. 群落→鱼尾葵群落，构成了南亚热带沟谷雨林群落。

特别需要指出的是，在海拔 600m 以下的南坡，部分地段因自然植被遭受破坏，水土流失严重，有机质少，干燥，主要分布的是马尾松-鹧鸪草 Eriachne pallescens 群落；条件较好的地段有马尾松、阔叶树、桃金娘、淡竹叶 Lophatherum gracile 群落和马尾松、阔叶树、桃金娘、芒萁群落，构成亚热带针叶林或针阔混交林群落。

2. 海拔 600～900m 的山地常绿阔叶林

季风常绿阔叶林以上为亚热带山地常绿阔叶林。这里，热带的种类如鱼尾葵、华南省藤 Calamus rhabdocladus、假鹰爪、紫玉盘 Fissistigma microcarpa、黄牛木等已消失，乔木层和灌木层的结构都比较单调。鸭脚木、木荷为主要乔木植物，局部地方甚至可成为纯林，而壳斗科的青冈 Quercus glauca、罗浮栲 Castanopsis faberi、甜槠 C. eyrei、岭南栲 C. fordii，以及樟科润楠属植物、少叶黄杞 Engelhardtia fenzelii、大果山龙眼 Helicia reticulata 等明显增加；灌木层中杜鹃花科的满山红 Rhododendron mariesii，以及茶科的种属、光叶海桐 Pittosporum glabratum、树参 Dendropanax dentiger、金竹 phyllostachys sulphurea 等也逐渐出现，并随高度的增加而种数增多，形成杜鹃、山茶和金竹灌丛；草本层一般不发达，习见藤本有大血藤、山鸡血藤 Millettia dielsiana、念珠藤 Alyxia sinensis 和菝葜等小藤本。

在群落类型方面,北坡的山地常绿阔叶林植被较完整,种类也较丰富,分布着少叶黄杞、岭南栲、大果马蹄荷 Exbucklandia tonkinensis、深山含笑 Michelia maudiae 群落;而在南坡,主要分布有罗浮栲、甜槠 Castanopsis eyrei、木荷、红楠 Machilus thunbergii 群落。

3. 海拔 900～1100m 的常绿阔叶苔藓林

海拔 900m 左右,坡陡、土薄、物种矮化、分支多,风大,云雾多,湿度大,分布的是亚热带山地常绿阔叶苔藓林(也称山地常绿阔叶苔藓矮林),其组成成分与亚热带常绿阔叶林差异不大,主要植物有半枫荷(枫荷梨)Semiliquidambar cathayensis、杜英 Elaeocarpus spp.、密花树 Rapanea neriifolia、五列木 Pentaphylax euryoides、罗浮栲、甜槠、稠树 Lithocarpus spp.、蚊母树 Distylium racemosum、厚皮香 Ternstroemia gymanthera、疏齿木荷 Schima remotiserrata、红楠、满山红、吊钟花 Enkianthus quinqueflors、黑柃 Eurya macartneyi、金竹、箬竹等。由于湿度较大,苔藓植物生长茂盛,树干、枝条上均附生有大量的苔藓植物,颇具特色。

在群落类型上,有部分群落的乔木层植物属于中小型乔木,如甜槠、稠树、厚皮香、密花树、吊钟花群落;另外还有红楠、密花树、杜英、满山红和金竹群落。

4. 海拔 1000m 以上的山地灌草丛

海拔 1000m 以上,群落外貌逐渐转变为灌草丛,组成上主要有杜鹃 Rhododendron simsii、满山红、赤楠 Syzygium buxifolium、乌饭树 Vaccinium bracteatum、五节芒 Miscanthus floridulus、金丝草 Pogonatherum crinitum,以及黑柃、厚皮香、野山茶 Camellia cordifolia、柃 Eurya spp.、野古草 Arundinella hirta、鸭嘴草 Ischaemum spp.、地苍 Melastoma dodecandrum、肺形草 Teucrium viscidum、五岭龙胆 Gentiana davidi 等。

在群落类型上,海拔 1000～1200m 地带为山地常绿落叶灌草群落,主要组成植物有野山茶、柃木、五列木、吊钟花、满山红、金茅 Eulalia speciosa、鸭嘴草等;海拔 1200～1281m 地区为山顶、山脊地域,分布着山地次生禾草群落,主要是芒草群落,间有高山灌丛分布,主要植物有芒草 Miscanthus sinensis、野古草、肺形草、五岭龙胆、前胡 Pencedanum spp. 等,地被层发达。

(三)季风常绿阔叶林的生态适应特征

南亚热带的季风常绿阔叶林是亚热带常绿阔叶林往南向热带雨林或热带季雨林过渡的植被类型,也是我国南亚热带地区的地带性植被。它以具有热带雨林、季雨林的某些特征,因而与典型的常绿阔叶林有明显的区别。

罗浮山的季风常绿阔叶林分布在海拔 600m 左右以下的地段,由于种种原因,目前主要残存于北坡和冲虚观等地。其种类成分较丰富,以壳斗科、樟科、山茶科为主,但含有较多的热带性植物,如水石梓、牛矢果、假苹婆、山油柑、疏花卫矛、三桠苦、九节、罗伞树等。深入分析可知,罗浮山的季风常绿阔叶林除了具有以上热带性植物之外,还具有以下一系列的生态适应特征,可与典型的常绿阔叶林区别开来。

1. 层间植物丰富

群落中常见有大型木质藤本如金钟藤（多花山猪菜）*Merremia boisiana*、买麻藤 *Gnetum montanum*、刺果藤 *Byttneria aspera*、白花油麻藤 *Mucuna birdwoodiana*、锡叶藤 *Tetracera asiatica*、白叶瓜馥木 *Fissistigma glaucescens*、紫玉盘 *Desmos chinensis*、阔裂叶羊蹄甲 *Bauhinia apertilobata*、飞龙掌血 *Toddalia asiatica*、龙须藤 *Bauhinia championii*、杖藤（华南省藤）*Calamus rhabdocladus* 等；附生植物习见有石蒲藤 *Pothos chinensis*、麒麟尾 *Epipremnum pinnatum*、星蕨 *Microsorum punctatum*、蔓九节 *Psychotria serpens*、石韦 *Pyrrosia lingua* 等，此外还有地衣苔藓等附生于茎干枝叶上。

2. 板根现象易见

群落中常见有板根植物，如榕树 *Ficus microcarpa*、重阳木 *Bischofia javanica*、人面子 *Dracontomelon duperreanum*、锥栗 *Castanopsis chinensis*、红锥 *C. hystrix*、木棉 *Bombax malarica*、橄榄 *Canarium album*、乌榄 *C. pimela*、青果榕 *Ficus variegata* var. *chlorocarpa* 等。

3. 茎花现象与绞杀现象也有一定的反映

群落中出现的茎花植物有水东哥 *Saurauia tristyla*、青果榕、对叶榕 *Ficus. hispida* 以及栽培的阳桃 *Averrhoa carambola*、木菠萝 *Artocarpus heterophyllus* 等；绞杀植物见有小叶榕 *Ficus. microcarpa*、金钟藤等；被绞杀者有山牡荆 *Vitex quinata*、鱼尾葵等。

4. 林下出现大型草本植物层

大型草本植物如露兜草 *Pandanus austrosinensis*、金毛狗 *Cibotium barometz*、乌毛蕨 *Blechnum orientale*、姜花 *Hedychium coronarium*、海芋 *Alocasia macrorrhiza* 等在林下常有出现，形成显著的层片结构。

5. 出现沟谷雨林群落

在低海拔（250m 以下）的河谷和沟谷小环境，既湿又热，出现所谓"沟谷雨林"的热带性植物小群落，在冲虚观、白面石、朝云洞、黄龙观等处可见到。

第四章　广东省罗浮山土壤地理野外实习

一、土壤地理的实习目的与任务

土壤地理学野外实习的目的,是理论联系实际,验证课堂所学的理论知识;学习野外土壤调查方法,初步掌握野外工作的操作技术,培养同学们的独立工作和实践能力。

在实习期间,要求同学们完成下列实习任务:
(1)野外土壤剖面挖掘、观察、记录,土壤标本采集方法。
(2)调查研究罗浮山土壤类型与垂直分布的规律性。
(3)观察罗浮山不同植被生境下,土壤类型、性状的变化。
(4)母岩差异对土壤类型和性状的影响。
(5)编写野外土壤实习报告。

二、土壤地理实习的准备工作

(1)认真查阅实习指导书,明确实习任务。
(2)收集有关资料:地形图,有关的气候、地质、地貌、植被、土壤资料。
(3)实习器材的配备:每个实习小组应配备铁镐、铁铲、剖面刀、土壤尺、铝盒、标样盒、标签、土壤样品袋、编织袋、土色卡、记录表、笔记本。
(4)必需生活用品的准备(略)。

三、土壤地理的实习内容与方法

(一)土壤剖面挖掘与观察

1. 土壤剖面地点的选择与挖掘

研究土壤类型剖面地点的选择。首先应充分注意其代表性,在实地工作中,根据植被类型、母质、地形等成土因素的变化,确定土壤剖面的挖掘地点。

土壤剖面一般宽为80cm,深1.0~1.5m。

挖掘土壤剖面时,应注意下列各点:
(1)土壤剖面的观察面应垂直于地表,并向阳,以便观察。在山地、山坡,一般观察面朝向下坡。
(2)在田间挖掘剖面时,表土、心土、底土应分别堆放,观察完毕后,分层填回土坑。

(3)观察面的上方不应堆土,以免影响观察记载和采集样本。

2. 土壤剖面形态特征的研究

进行土壤剖面形态特征的研究,首先要对土壤剖面所处的海拔、坡度、母质及母岩,地下水位及水质情况,排水及灌溉情况,植物或农作物种类、施肥及利用情况,侵蚀状况等诸多因素进行调查记载。

土壤剖面形态特征:包括剖面构型、溶淀情形、湿度、颜色、质地、结构、松紧度、孔隙、植物根系、动物穴、新生体、侵入体、有机质、pH值、碳酸钙、盐碱情况等。

1)自然土壤发生学层次的划分

A′   未分解的凋落物层

A″   半分解的凋落物层

A   腐殖质层

AB   腐殖质层向淀积层的过渡层

B   淀积层

C   母质层

R   母岩层

2)溶淀情形

观察土壤剖面形态,注意各发生层间土壤特征的差异,确定发生层的物质是以淀积为主,还是以淋溶为主。

3)土壤湿度

野外对土壤湿度的描述,分为五级。

干:用手挤压土块,感觉不到有水分,颜色较浅。

润:用手挤压土块,有凉的感觉。

湿润:用手压土块,手上有湿痕。

潮湿:用手挤压土块,可挤出水来。

湿:土壤水分饱和。

4)土壤颜色

土壤颜色与有机质的含量、化学组成以及土壤干湿度有密切的关系。在野外工作中,正确地判断与确定土壤颜色,并不是一件容易的工作。在观察土壤颜色时,第一,除现场观察记载外,还要在室内风干状态下观察和记载颜色;第二,要避免太阳光或人为光线的影响;第三,在观察颜色时,尽量保持土块的自然状态,不要把土块压得过于细碎。

测定土壤颜色目前世界上通用的是芒塞尔的颜色系统,其命名是用色调(Hue)、亮度(Value)和彩度(Chroma)的颜色三属性来表示的。

色调(色彩、色别):色调是指占优势的光谱色,它与占优势的光波长有关。共有10个基本色调(其符号用光谱色的缩写字母表示),其中5个是主要色调,即R(红)、Y(黄)、G(绿)、B(蓝)、P(紫),5个是补充色调,即YR(黄红)、GY(绿黄)、BG(蓝绿)、PB(紫蓝)、RP(红紫),再以2.5划分4个等级,如2.5YR、5YR、7.5YR、10YR等。

亮度(色值、光值、明亮度、光度):亮度是指土壤颜色的相对明亮程度,以无彩色(Naturalcolor)(符号N)作基准,把绝对黑(理想的黑色)作为0,把绝对白(理想的白色)作为10,灰色在0与10之间。这样,从0到10是逐渐变亮。以0,1,2,3,…,10表示亮度由黑到白。

彩度(饱和度):彩度是指光谱色的相对纯度或强度,也就是一般所理解的浓淡程度,彩度愈高,颜色显得愈浓艳。从实质上讲彩度表示某一颜色掺进白色的程度。例如,红光和粉红光的波长是相同的,因而它们有相同的色调,但是由于红光"冲淡"后形成粉红光,其彩度就比红光低。彩度愈大,颜色愈浓。一般在0~8范围内按间隔1单位分级,以1,2,3,…,8表示不同彩度。

颜色命名的顺序是色调—亮度—彩度。例如,某一颜色的色调是5YR,亮度是5,彩度是6,则命名法就是5YR5/6。在亮度和彩度之间用一斜线分隔号。如果颜色在5YR5/6与5YR6/6之间则写成5YR5·5/6。

5)土壤质地

野外工作中,要分层鉴定土壤质地,其标准如下(表4-1)。

砾质土:土壤中含有较多的石块、砾石。直径大于2mm的砾石含量可以分为:

轻砾质土:>2mm砾石含量5%~15%。

中砾质土:>2mm砾石含量>15%~30%。

重砾质土:>2mm砾石含量>30%。

表4-1 土壤质地指感法分级标准

指测感觉和成型性	质地 (国际制)	名称 (苏联制)
一般情况下不能成球,只有水分饱和时,可以勉强成球,但一碰就碎,干时单粒状态无结构,极少成块,在指间摩擦时,只有砂砾感觉,并发沙沙声	砂土	砂质土
可以捏成球,但不易捏成直径约3mm的土条,即使勉强捏成短条,也一碰即断。湿时可以成土块,但一压就碎,在指间摩擦有明显的砂砾感觉	砂质壤土	砂壤土
可以捏成直径约为3mm的土条,但提起即断,干时、湿时均能成土块,但不坚硬易碎,指间摩擦时稍有砂质感觉,但绝无沙声,也无特殊柔滑感觉	壤土	轻壤土
可以捏直径为1.5~2mm的细条,土体外表有水膜(发亮光),在加压弯曲时有裂缝,水膜也立即消失,在指间摩擦时柔滑如面粉	粉砂壤土	
可以捏成直径为1.5~2mm的细条,并易变成直径2cm的圆环,环外缘有细裂缝,压扁时发生粗裂缝,干时结块,湿时略黏	黏壤土	中壤土
可以捏直径1~1.5mm的细条,并能做成2cm的圆球,无裂缝,但压扁时发生细裂缝。干时结大块,湿时黏韧	壤黏土	重壤土
可以捏成各种形状,弯曲时无裂缝,干时结大块,放在水中吸水很慢,摸时很滑,湿时黏手难洗	黏土	黏质土

6) 土壤结构

野外描述土壤结构时,要注意两点:第一,土壤湿度比较小的情况下,才较容易和真实地观察到土壤的结构;第二,在同一土层中,土壤结构不止1种类型,往往有2种或3种,如同一土层中,既有粒状,又有小块状,要详细描述,并记录在剖面内的变化情况。

土壤结构常见的有以下几种。

(1)团粒:形似绿豆,近似球体,边面不明显,直径1.0～5.0mm。

(2)粒状:形似绿豆,面近球形,但不平滑,边面明显,直径0.5～5.0mm。

(3)核状:类似粒状,直径5～20mm。

(4)块状:近似立方体,边角、边面不明显,直径大于20mm。

(5)柱状:结构沿垂直轴发育较好,边角不明显的为柱状,边角明显的为棱柱状。

(6)片状:结构沿水平轴发育,边与面表现清楚,又称板状。

(7)鳞片状:似鳞片。

7) 土壤松紧度

土壤松紧度或坚实度,是指土壤对于进入土层的工具的抵抗力的大小而言,在野外通常可借助土刀、小锄等工具来确定,如对较干燥的土壤来说:

(1)极坚实(极坚硬):只有用锤击土刀,才能插进很浅的土壤中。

(2)坚实(坚硬):用很大的力才能将土刀插入较浅的土壤中。

(3)稍坚实(紧密):用不大的力,可将土刀插入土壤1～2cm深。

(4)疏松:轻微地挤压,土壤容易松散。

(5)松散:土壤通常处在松散状态。

8) 土壤孔隙度

在野外,土壤孔隙度是通过对土壤孔隙、裂隙和孔隙密度的观察加以评定的。

(1)孔隙:是指土壤结构体内部或土壤单粒之间的空隙,表示其大小的标准如表4-2所示。

表4-2 孔隙分级标准

孔隙分级	孔径大小/mm
细小孔隙	<1
小孔隙	1～3
海绵状孔隙	3～5
蜂窝状孔隙	5～10
网眼状孔隙	>10

(2)裂隙:是指土体结构间的孔隙,多呈长形和分枝状,其描述分级标准如表4-3所示。

表 4-3 裂隙分级标准

裂隙分级	裂隙宽度/mm
小裂隙	<3
中裂隙	3～10
大裂隙	>10

(3)孔隙密度:指用肉眼或放大镜观察其孔隙间距以估计土壤孔隙密度,其分级标准如表 4-4 所示。

表 4-4 孔隙密度分级标准

孔隙密度分级	孔隙间的距离/cm
少孔隙	1.5～2
中孔隙	1
孔隙	<0.5

9)植物根系

植物根系分布状况与土壤肥力有密切的关系,主要观察根系的深度、数量、粗细和分布的形状等,同时要注意根系对土层中腐殖质形成的影响,并分清是木本的或是草本的。其描述标准可分为四级。

(1)没有根系。

(2)少量根系,每平方厘米有 1～2 条植物根。

(3)中量根系,每平方厘米达 5 条根以上。

(4)大量根系,根系交织,每平方厘米根系在 10 条以上。

10)动物穴

土壤动物的个体数量是相当多的。常见的有蚯蚓、蚂蚁、各种昆虫和田鼠等。正确描述土壤中的动物及其活动后留下的动物穴的状况,对评价土壤肥力和改良利用土壤都有很好的参考价值。

11)新生体

土壤新生体是指在土壤形成过程中的产物。在观察剖面时,应详细描述其原始形态、成分、数量和出现部位,并进行综合分析。

土壤新生体通常依附于土壤结构的表面,或填充于孔隙与孔隙之间,根据其化学成分,可以分为下列几组。

(1)水溶性盐类:如氯化钠、硫酸盐等,可成细致的结晶状态或成结皮状的盐霜,生成于盐土及盐碱化土壤中。

(2) 石膏的淀积物：呈白色的薄层、小粒、薄皮、小粒的状态，生成于盐化或残余盐化草原及荒漠土壤中。

(3) 碳酸钙的淀积物：成假菌丝体，眼状石灰斑及各种大小不同的石灰结核，主要存在于草原土壤中。

(4) 铁、锰的氧化物：呈棕色、黄色、红色、褐色的薄层，也有呈红色、黄色、棕色或暗色等斑点，或斑纹及锈纹等，均附属于结构体的表面。此外，尚有管状的、枝状的、圆形的铁铝结核或铁锰结核，铁盘或铁铝盘等。主要存在于热带、亚热带以及水成、半水成和水稻土中。

(5) 还原铁质化合物：呈蓝色薄膜、灰青色或浅灰蓝色的斑点，以及附在水稻土中棱柱状结构表面的灰蓝色胶膜等；存在于沼泽化和通气不良的还原性土壤中。

(6) 硅酸盐的化合物：呈灰色的粉末、白色斑点等，常出现在灰化土中。

12) 侵入体

侵入体与土壤形成的关系不大，而是由人为机械活动或动物活动混入的物质。其种类有石块、砖瓦片、贝壳及各种动物遗体、虫粪、虫卵等。在观察时，要说明其种类、数量和出现层位。

13) 有机质

土壤有机质状况与土壤颜色深浅有一定的关系，在野外可以根据土壤颜色状况，对土壤有机质含量的多少和土壤剖面中的分布情况给予恰当的描述。

14) 土壤 pH 值

在野外，可用 pH 值混合指示剂直接测定土壤 pH 值。

15) 碳酸钙

如果土壤 pH 值大于 7.0 时，应用 10% 盐酸溶液检查土壤有无石灰反应。

16) 盐碱

对于盐碱土壤，要注意观察、描述、确定土壤的盐碱状况。

土壤剖面的观察，根据上述标准逐项记载入土壤调查记载表，对于土壤层次过渡情况，可以根据颜色、质地、松紧度等来描述层次过渡是否明显，并可记录在备注中。然后对土壤及其自然情况进行综合叙述、评价，结果写入调查记载表中。

(二) 土壤类型与垂直分布

罗浮山位于北纬 23°03′，东经 114°01′，地处博罗、增城、龙门三县交界地区，面积 260 多平方千米，最高峰飞云顶，海拔 1296m。

由于罗浮山位于北回归线南侧，属于南亚热带，山体宏大，具有一定海拔高度，引起成土母质的风化程度、气候、生物等的差异。因此，不同海拔高度发育不同的土壤类型，具有明显的垂直分布规律性。

根据华南师范大学地理系何宜庚等同志的调查报告，罗浮山的土壤类型和分布规律摘要如下（图 4-1）。

(1) 砖红壤性红壤（赤红壤）：分布在海拔 300m 以下的山麓地带，以及低丘、台地等。

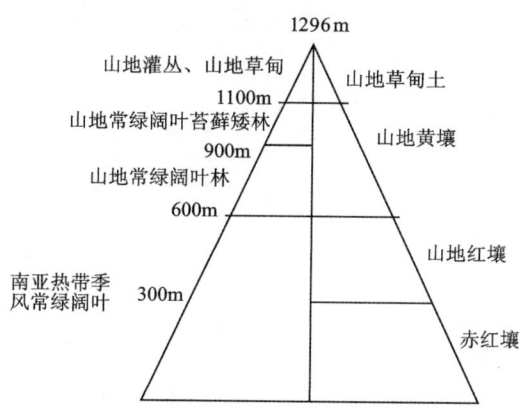

图 4-1　罗浮山的土壤类型及垂直分布

(2)山地红壤:海拔 300~600m 的低山地区。

(3)山地黄壤:海拔 600~900m 的中低山地区。

(4)山地草甸土:海拔 900~1100m 的山间谷地、洼地。

(5)山地草坡土:海拔 1100m 到山顶。

土壤形成发育的特点,根据 31 个土壤剖面的分析结果:

(1)罗浮山的土壤具有明显的富铝化特征,剖面中氧化铝含量高,盐基含量低,土壤呈强酸性反应,pH 值为 4.3~5.5,小于 0.001mm 黏粒在心土层淀积,淋溶强。

(2)黏粒中硅、铁、铝含量,随海拔升高而降低;土壤质地随海拔上升而变粗。

(3)土壤有机质含量丰富,除山麓地带砖红壤(赤红壤)含量较低外,随海拔的上升而增加。土壤中全氮含量与有机质含量呈正相关。

(4)土壤中全钾含量丰富,有效磷缺乏。

1. 赤红壤

(1)成土条件:赤红壤是南亚热带冬暖夏热、湿润多雨的气候条件,较强富铁铝化过程形成的地带性土壤。南亚热带季风气候区年均气温 19~22℃,最冷月均温 10~15℃,最热月均温 21.7~28.5℃,≥10℃积温多为 6500~8450℃。年降水量 1000~2600mm;年蒸发量 1376~2000mm。无霜期达 350 天。干湿季分明,一般 3—9 月为雨季,10—2 月为旱季。年干燥度为 1.32~0.37。以马尾松、樟树、芒萁、茅草等组成的坡地灌丛疏林下的赤红壤,凋落物量不多,在高温多雨的条件下,微生物矿化分解十分强烈,有机质含量只有 2%~3%。

(2)成土过程:在高温多雨的气候条件下,硅铝酸盐类矿物遭受强烈分解破坏,其中硅和盐基不断被淋失,铁、铝氧化物和黏粒不断形成聚积,所以脱硅富铝化过程是本区土壤最基本的形成过程。

土壤中的微生物也以极快的速度对凋落物进行矿化分解,使各种元素进入土壤,从而大大加速了生物和土壤的养分循环并维持较高水平而表现出强烈的生物富集作用。

(3)剖面特征见表 4-5。

表 4-5　赤红壤剖面特征

赤红壤									
发生层/cm	湿润情况	颜色	松紧度	结构	孔隙	植物根系	动物穴	新生体	侵入体
O层	2	/							
A层	0~12	干	浊橙7.5YR6/4(干)	稍松	粒状、块状、棱柱状	/	少量	蚁穴	铁锈斑胶膜	蚂蚁
			棕7.5YR4/6(湿)							
B1层	12~60	干	橙7.5YR6.5/6(干)	稍紧						
			红棕5YR4/8(湿)							
B2层	60~80	干	橙7.5YR7/6(干)	坚实						
			亮红棕5YR5/8(湿)							
C层	80~250	干	橙7.5YR7/6(干)	极坚实						
			亮红棕5YR4.5/8(湿)							

2. 山地红壤

(1)成土条件：罗浮山土壤的垂直带以赤红壤作为基带，随着海拔的升高，300~600m之间，在常绿阔叶林下，分布着山地红壤，这是因为山地随高度的升高，温度逐渐降低，相对湿度逐渐增加。这种水热条件，极有利于土壤化学风化的强烈进行，使原生矿物受破坏。常绿阔叶林下的山地红壤，有机质含量达到4.11%。

(2)成土过程：脱硅富铝化过程是山地红壤重要成土过程。其铁化合物常包括褐铁矿与赤铁矿等，红壤含赤铁矿特别多，当雨水淋洗时，许多化合物都被洗去，然而氧化铁(铝)最不易溶解，反而会在结晶生成过程中一层层包覆于黏粒外，并形成一个个的粒团，之后亦不易因雨水冲刷而破坏，因此红壤在雨水的淋洗下反而发育构造良好、属中度脱硅富铝化的铁铝土。

(3)剖面特征见表4-6。

3. 山地黄壤

(1)成土条件：山地黄壤是发育于亚热带湿润气候条件的黄色土壤。罗浮山的山地黄壤在600~1100m的山地常绿阔叶林或山地阔叶苔藓矮林下，酸性，土层经常保持湿润，心土层含有大量针铁矿而呈黄色。山地黄壤有机质含量可增至6%~8%，一般森林植被下的黄壤有机质含量高于草灌植被下的生草黄壤。

(2)成土过程：黄化过程是本区土壤重要的成土过程，此种成土过程广泛存在于海拔600m以上地区的土壤中，这些地区终年云雾缭绕，日照少，相对湿度大，土体经常保持湿润，导致土壤中氧化铁水化而形成含有结合水的针铁矿、褐铁矿等。在海拔较低的地段，黄化过程主要存在于自然林保存较好、森林郁闭度大、集水条件好的阴暗潮湿的沟谷中。

表 4-6 山地红壤剖面特征

山地红壤										
发生层/cm	湿润情况	颜色		松紧度	结构	孔隙	植物根系	动物穴	新生体	侵入体
O 层	2~4	/								
A 层	0~11	润	淡棕色 7.5YR5/6(干)	松	团粒状	较大	中量	小型动物穴	铁、锰、胶膜	石头
			棕色 7.5YR4/4(湿)							
B1 层	11~35	湿润	黄橙色 7.5YR7/8(干)	稍紧						
			淡红棕色 5YR5/8(湿)							
B2 层	35~70	湿润	淡红棕色 5YR5/8(干)	稍松						
			淡红棕色 5YR5/8(湿)							
C 层	>70	干	橙色 7.5YR7/6(干)	紧						
			棕红色 2.5YR4/8(湿)							

(3)剖面特征见表 4-7。

表 4-7 山地黄壤剖面特征

山地黄壤										
发生层/cm	湿润情况	颜色		松紧度	结构	孔隙	植物根系	动物穴	新生体	侵入体
O 层			/							
A 层	0~15	润	2.5YR7/3(干)	疏松	团粒状	较少	多	蚁穴	不明显	虫卵
			10YR5/2(湿)							
B 层	15~60	润	2.5YR7/3(干)	稍紧						
			2.5YR4/4(湿)							
C 层	60~127	干	2.5YR8/3(干)	紧实						
			2.5YR6/6(湿)							

4. 山地草甸土

(1)成土条件:罗浮山的山地草甸土分布在 1100m 以上,由于山顶风强,乔木生长困难,仅有灌丛及耐湿性草甸植被生长,禾本科草类生长繁茂,根系深而密,干重较大,低温潮湿的气候条件,抑制了微生物的活动,有机残体矿化作用减缓,土壤 C、N 比率 14.7,说明有机物质的累积大于分解，有机质含量高达 12%，并且形成 35~45cm 厚度的黑灰色腐殖质层。

（2）成土过程：山地草甸土比较湿润，局部洼地在雨季尚有积水现象。喜湿性草甸植物生长繁茂，一般高度在 1m 左右，根系密集，占表层土体的 50% 以上，残根落叶在低温多水条件下，分解缓慢，在土壤发育中呈现有机质积累比较强烈的特点。

受季节性降水影响，土壤周期性干湿交替变化，土体中不断进行着还原淋溶和氧化淀积过程。在剖面中部形成红色锈纹，而在剖面深处形成灰白色潜育层。土体中化学风化和淋溶作用较弱，二氧化硅受到淋溶，而钾、钙、镁、锰和磷的氧化物等均有不同程度富集。

（3）剖面特征见表 4-8。

表 4-8　山地黄壤剖面特征

山地草甸土									
发生层/cm	湿润情况	颜色	松紧度	结构	孔隙	植物根系	动物穴	新生体	侵入体
O 层	4	/							
A 层	0~25	润	7.5YR2/2（干）	松	无明显结构	55%	中量	蚯蚓穴	蚯蚓、石头
			5Y2/1（湿）						
B1 层	25~58	润	2.5Y8/4（干）	稍紧					
			10TR7/6（湿）						
C 层	>58	干	2.5Y8/3（干）	稍紧					
			2.5YR6/6（湿）						

四、土壤地理实习报告的内容与要求

土壤地理实习报告的格式如下。

（1）自然条件概况：包括地理位置、行政规划和面积。

（2）土壤形成的自然条件：气候、地质、水文、植被、地形、人为影响等。

（3）土壤形成特点。

（4）土壤类型：包括各个土壤类型的土壤剖面描述。

（5）土壤分布规律。

（6）结束语。

要求：每人撰写一份实习报告。

第五章　广东省罗浮山植物地理野外实习

一、植物地理的实习目的与任务

植物地理学是一门实践性很强的专业基础学科。通过实习,加强理论联系实际,进一步理解和巩固所学的基础理论知识和技能;同时,在实习过程中,掌握植物地理学的科学工作方法,培养野外实践工作能力。围绕上述目的,对同学们提出实习的任务和要求如下:

(1)通过实习,认识一批(80～100种)华南地区常见植物,加强对植物科、属、种概念的理解,初步掌握植物标本的采集、制作方法。

(2)学会植被调查的样地法抽样技术和分析总结样地调查资料的方法,从而加深对优势种、伴生种,以及群落结构、动态变化等知识的理解。

(3)观察分析植物、植物群落特征及其与生态条件的相互关系,调查分析罗浮山的植物、植物群落分布特点及其成因,从而加深对植物生态学和植物群落生态学知识的理解。

(4)实习结束后,每人完成实习报告一份,每人压制装订若干种常见野生植物标本。

二、植物地理实习的准备工作

(1)文献资料检录和收集:阅读有关罗浮山自然环境特征的文献,收集罗浮山地形图,以及有关罗浮山植被方面的专题资料(植物名录、植被研究、文献等),并仔细熟读。同时到学院的植物实验室,观察并熟记罗浮山主要植物的蜡叶标本。

(2)仪器、用具借领:以小组为单位,到植物实验室办理借用手续,借用下列仪器和物品:激光测树仪、枝剪、标本夹、标本纸、标本采集袋、样方绳、皮尺、钢卷尺、植物标本野外记录表、标签、植物群落调查登记表等。

(3)认真复习课堂上所学的植物形态与分类、植物生态学、植物群落学,以及亚热带植被等有关章节的基本理论知识。

三、植物地理实习的内容与方法

(一)植物地理实习的内容

植物地理野外实习内容主要如下:
(1)华南南亚热带地区主要常见植物的观察和识别。

(2)植物标本的采集与制作方法练习。

(3)植物群落抽样调查技术的训练。

(4)植物、植物群落特征及其与环境相互关系的野外观察与分析。

(5)结合路线调查法的练习,进行不同植物群落之间特征差异的分析,归纳总结植物群落的分布规律、演替特征与表现。

(二)高等植物标本的采集与制作

1. 标本的采集

一株植物或者植物体的一部分,经过压制干燥后固定在台纸上,就是蜡叶标本或干制标本。它可以长期保藏供教学及科研使用。标本通常在野外采集,采集的标本要求按照一定的规格和方法,才能保证后期的制作质量。

1)采集用具

标本采集用具主要有:标本夹(45cm×30cm),标本纸(吸收植物水分用),采集箱或塑料袋,枝剪,掘根器,标本野外记录册及标本号牌,小纸袋,放大镜及米尺等。

2)标本力求完整

为了保证鉴定的准确性,应采取具有花(果)、枝(含顶端部分)、叶、根等器官的植株或其一部分。一棵株高不足40cm的草本植物,就可整株掘起压制标本;遇到植株高大的植物种,则可反复折叠,或选取有代表性的上、中、下三段压制标本;若植株个体甚小,则可多采几株以排满标本纸为宜。木本植物标本应选择采集具花果的枝端。叶子太大的可剪去一半,但务必保留顶端。

蕨类植物标本应具根状茎、叶及有孢子囊的植株。苔藓植物则应有孢蒴。

植被调查中常遇到无花无果的植株,也应采制标本,以供检验审核。

3)标本要编号登记

每种植物标本皆应拴好标签,上面记有按一定顺序编排的号码,每种植物若重复多采时应挂相同号牌。若植物叶片巨大,需要分段分别压制时,亦挂相同号牌但要注明a、b、c等字样。如果是果实或种子,应单独用小袋装置,袋上应注明与此标本号牌同样的号码。

采集记录要在采集时登记,避免追忆发生的错误。采集号、产地、海拔高度、生境、习性、植株高度均需记载清楚,凡压制后容易发生变异的器官特征都应立即填写清楚,如颜色、大小等。

如果标本采于植被调查样地,而且已有暂定名,必须记录在册,防止混乱。

2. 标本的制作

1)压制方法

所采标本应当时压好,标本之间隔以数页纸。果实较大时需要用纸垫平;适当剪除重叠过多的枝叶;叶子必须正反两面都有;花被展开;脱落的果实、花和叶装入纸袋与标本放在一起。放好后将标本夹适度夹紧,放在日光斜射的通风地方。以后每天都要更换干纸,同时加以必要的整理。待标本稍干隔纸可略减厚度,夹子则宜稍增压力。正常情况下,晴日约 8 天可干。每天换下的湿纸在阳光下晒干或烘干,以备换用。条件许可时可试用熨斗隔纸熨压标本,干燥快而变色少,效果较好。

2)上台纸

这项工作一般在室内进行。将干燥标本用针线或透明胶带固定在洁白坚硬的台纸上,同时附以采集记录,从而完成蜡叶标本的全部制作过程。蜡叶标本的质地干脆易断,使用和搬动时需要注意保护,不能随意从成套标本中抽拉、硬塞,也不能随意翻动干燥的叶片和花被等。标本一般应按科、属分类存放,既便于查找,又不易损坏。

(三)植物群落调查的取样技术——样地法

研究某个群落时,不可能对整个群落进行全面的测量和分析,或者说无法对一个群落的整体进行全面的研究。因此,有必要从所要研究的群落中选取一定范围的群落地段进行调查,也就是说,可以尽最大的可能从选取的代表群落地段中获得较高的信息量,从而对整个群落的种类组成和结构进行分析。

所谓的取样技术(sampling technique),就是代表地段的选取或确定,包括设置的方法、范围大小等。它们常由于具体的群落类型、群落分析的目的等不同而不同。目前,植物群落常用的取样技术,包括了样地取样法(plot method)和无样地取样法(plotless method)。以下是样地法的操作方法与步骤。

1. 样地的大小

样地的大小和形状通常是根据调查植物群落的大小和植株的密度而定。一般情况下,草本植物群落的样地为 $1m^2$;灌木植物群落或 3m 以下的灌木丛群落为 $10\sim20m^2$;乔木植物群落为 $100m^2$。

2. 样地的形状

样地的形状,传统的是方形,或称为样方(quadrat)。边际影响是引起误差的原因之一,所以也使用样圆(circle)以减少这种误差,特别在调查草本群落时,样圆是较为适宜的。但是,几乎所有的研究者都认为,就相对面积而言,矩形样地,通常称为样带(belt)或样条(transect),优于等径形状的。因为只需少数的样地,仍能较好地代表整个群落,而长度 16 倍于宽度的样地比更小的样地更加有效,尤其是在使矩形的长轴与群落内的主要环境变化梯度相平行的情况下,效果更好。在某些情况下,有时也采用线状样条(line transect)或称为线条接触(line-intercept)法,或样线取样(lines ampling),这种方法是把那些顺着线出现的植物种加以记载。

3. 样地的数目

就其参数而言,估算的准确性有赖于样地的数量与质量。但是,由于人力、物力和时间等的原因,调查的样地数目不可能"越多越好"。但要能确切地反映群落的本来面目,样地数目所合计成的总面积,应达到一个最低的限度。这个界限因植物群落类型的不同而不同,一般应以稍大于最小面积为宜。而且,在完成应调查的全部样地之后,应在被调查的群落内巡走一次,记下样地内未被记入的种类和应记的项目。

4. 调查记录

调查记录的内容、项目随研究目的不同而不同,但其原则是不宜罗列得太烦琐太细致,以免影响调查进度。细致的数据整理和分析工作可回到室内进行。

研究群落的组成和结构,可使用群落调查表格。群落调查表格可根据研究的目的和对象而制订,表 5-1～表 5-5 供参考。

植物名称一栏,一个植物名称代表一个植株,整理时可把相同名称的加以累计。

茎周长是指离地 1.3m 处茎的周长,以便用来计算胸高断面积。在野外环境,测定树木茎的周长比测定直径要容易得多。胸高断面积、基面积等都是对乔木、灌木、丛生草等大个体的种通用的量度指标。由于许多植物具有板根、支柱根等,其基部呈扭旋状,故从地表来测定基面积已不常用。所以,现在普遍采用的方法是设定一个适宜的高度(1.3m 处),用以测量植株的胸高直径或胸高断面积。

表 5-1　植物群落环境调查记录表

调 查 者:＿＿＿＿＿＿＿＿＿＿＿＿＿＿＿＿　　调查日期:＿＿＿＿＿＿＿＿＿＿＿＿＿＿＿

样地编号:＿＿＿＿＿＿＿＿＿＿＿＿＿＿＿　　样地面积:＿＿＿＿＿＿＿＿＿＿＿＿＿＿＿

群落类型:＿＿＿＿＿＿＿＿＿＿＿＿＿＿＿　　群落名称:＿＿＿＿＿＿＿＿＿＿＿＿＿＿＿

地理位置:经度:＿＿＿＿＿＿＿＿＿＿＿＿　　　纬度:＿＿＿＿＿＿＿＿＿＿＿＿＿＿＿

地形:＿＿＿＿＿＿＿＿＿＿＿＿＿＿＿＿＿＿＿＿＿＿＿＿＿＿＿＿＿＿＿＿＿＿＿＿＿＿

海拔高度:＿＿＿＿＿＿＿＿＿＿　坡向:＿＿＿＿＿＿＿＿＿＿　坡度:＿＿＿＿＿＿＿＿＿

土壤、岩石、地下水水位:＿＿＿＿＿＿＿＿＿＿＿＿＿＿＿＿＿＿＿＿＿＿＿＿＿＿＿＿＿

＿＿＿

周围情况＿＿＿＿＿＿＿＿＿＿＿＿＿＿＿＿＿＿＿＿＿＿＿＿＿＿＿＿＿＿＿＿＿＿＿＿

＿＿＿

动物活动情况:＿＿＿＿＿＿＿＿＿＿＿＿＿＿＿＿＿＿＿＿＿＿＿＿＿＿＿＿＿＿＿＿＿

＿＿＿

经济特点及利用情况:＿＿＿＿＿＿＿＿＿＿＿＿＿＿＿＿＿＿＿＿＿＿＿＿＿＿＿＿＿＿

＿＿＿

表 5-2 乔木植物调查记录表

调查者：　　　　日期：　　　　样地编号：　　　　样地面积：10m×10m
群闭度：总的：　　　分层：
群落类型：　　　　群落名称：

植物名称	层次	高度/m	枝下高/m	胸径/cm	树皮			树冠		物候相	生活力	生活型	板根、支柱根、呼吸根	附生、藤本、寄生	备注
					厚度	颜色	光滑度	形状	冠幅						

表 5-3 灌木植物调查记录

调查者：　　　　日期：　　　　样地编号：　　　　样地面积：5m×5m
群闭度：总的：　　　分层：Ⅰ Ⅱ Ⅲ
群落类型：　　　　群落名称：

植物名称	层次	株数	覆盖度/%	聚生度/%	高度/m		胸径/cm		物候相	生活力	生活型	备注
					最高	优势	最大	优势				

表 5-4 草本植物或半灌木植物调查记录表

调查者：　　　　日期：　　　　样地编号：　　　　样地面积：1m×1m
覆盖度：总的：　　　分层：Ⅰ Ⅱ Ⅲ
群落类型：　　　　群落名称：

植物名称	层次	株(丛)数	覆盖度/%	聚生度/%	高度/m		物候相	生活力	生活型	备注
					叶层高	生殖层高				

表 5-5　层间植物调查记录表

调查者：　　　日期：　　　样地编号：　　　样地面积：5m×5m
群落类型：　　群落名称：

植物名称	类型			数量	物候相	生活力	直径/cm 或体积/cm³	被附着植物		分布情况		备注
	藤本	附生	寄生					名称	生活型	位置	方向	

5. 调查的人为标准

样地设置后，还必须规定一些人为的标准，以便在调查过程中指标统一、规范，便于比较和分析。根据调查实习中必然遇到的实际问题，人为地给予规定如下：

(1) 进行胸高直径的测量时，高度多少的植株才可列入调查对象？可规定 1.5m 以上的个体算作调查对象，1.5m 以下的植株则作为繁殖层或草本层等。

(2) 林下幼苗的调查样地，可设置为 2m×2m 或 1m×1m，调查其数目及位置，即小样方的排列方式。

(3) 如何区分样地边缘的植株是否包括在样地内？

例如：①以树干的 50% 以上处于样地内的植株算作样地内的个体，否则算为样地外个体；②以树冠大部伸入样地内的植株算为样地内的个体，否则算为样地外的。

一般情况下，以胸高断面积来表示种的优势度时，宜考虑用①的标准；如以盖度来表示种的优势度时，则适宜考虑用②的标准。

(4) 根据被调查群落的实际情况，还有其他一些可能存在争议的技术或测量问题，都必须在着手调查以前加以确定。标准一旦确定后不要随便更改，以免影响数据整理，浪费人力甚至使调查数据失去价值。

(四) 数据整理与分析

数据整理是将野外调查所得的原始资料条理化，并演算出一些反映群落特征的数量指标。其中最基本的有如下几个。

1. 多度和相对多度

多度指的是某一植物种在群落中的个体数（植株数）。

多度＝(样地内某种植物的个体数/样地内全部植物种的个体总数)×100%

相对多度是指种群在群落中的丰富程度。

相对多度＝(一个种的多度/全部种的多度总和)×100%

2. 密度和相对密度

密度指的是单位面积上某一植物种的个体数目。

密度＝样地内某种植物的个体数/样地面积

相对密度＝(一个种的密度/全部种的密度总和)×100%

3. 频度和相对频度

频度是指一个植物种在指定样方中出现的机会,反映出每种植物在群落中的密度,同时还反映出该种植物的个体在群落中的分布格局。它的数值跟样方的大小有关。因此,任何时候,记录频度值都必须说明样方的大小。

频度＝某种植物出现的样方数/总样方数

相对频度＝(一个种的频度/全部种的频度总和)×100%

4. 优势度(显著度)

优势度也称为显著度,指的是单位面积上一个种的全部植株树干胸高断面积之和。

优势度＝某种植物胸高断面积总和/样地面积

相对优势度＝(一个种的优势度/所有种的优势度总和)×100%

5. 重要值

重要值是一个综合性指标,是相对密度、相对频度、相对优势度的综合。可见,重要值是把3个不同性质的特征指标综合成一个数值,使每一个植物种在群落中的重要性通过这个数值显示出来,可以较全面地反映种群在群落中的地位和作用,避免了只用单一指标可能带来的偏差。

重要值＝相对多度(或相对密度)＋相对显著度＋相对频度

将上述初步整理的数据列入群落分析表格,以便进行进一步的群落分析。群落分析表格可根据研究的目的和对象进行设计,表5-6供参考。

四、植物地理实习报告的内容与要求

(一)植物地理实习报告的内容

植物地理的实习报告主题,可以从以下几方面考虑:
(1)罗浮山的植物区系特征。
(2)罗浮山植被的基本特征(以地带性植被为主)。
(3)罗浮山主要植被类型的特征比较分析。
(4)罗浮山植被的垂直分布特征。

表 5-6　样地取样群落分析简表

调查者：　　　　　日期：　　　　　样地面积：　　　　　样地数目：
群落类型：　　　　　　　　　群落名称：　　　　　　　地理位置：

植物名称	项目	样方1	样方2	样方3	样方4	……	累计
×××	相对密度						
	相对多度						
	相对频度						
	相对优势度						
	重要值						
×××	相对密度						
	相对多度						
	相对频度						
	相对优势度						
	重要值						
……							

(5)罗浮山不同海拔高度带植物优势种群的适应特征。

（二）植物地理实习报告的要求

实习结束后，要求每人提交一份实习报告。

在撰写实习报告时，要求包括以下几部分：一是罗浮山的自然地理环境条件；二是报告的主题内容；三是实习的感悟或体会，可以包括实习过程中发现的问题，以及提出解决问题的建议等。

附录一 罗浮山典型植被与主要土壤类型

1. 南亚热带季风常绿阔叶林与赤红壤

图 1 南亚热带季风常绿阔叶林

图 2 赤红壤

2. 山地常绿阔叶林与山地红壤

图 3　山地常绿阔叶林

图 4　山地红壤

3. 苔藓矮林与山地黄壤

图 5　苔藓矮林

图 6　山地黄壤

4. 灌草丛与山地草甸土

图 7　灌草丛

图 8　山地草甸土

附录二 广东省罗浮山维管植物名录

一、PTERIDOPHYTA 蕨类植物门

P1. Psilotaceae 松叶蕨科

Psilotum mudum（L.）Beauv 松叶蕨

P2. Huperziaceae 石杉科

Huperzia serrata（Thunb.）Theev. 蛇足石杉

Phlegmariurus fordii（Bak.）Ching 华南马尾杉

P. phlegmaria（L.）Holub 马尾杉（细穗石松）

P3. Lycopodiaceae 石松科

Diphasiastrum complanatum Holub 扁枝石松

Lycopodiastrum casuarinoides（Spring）Holub 藤石松

Lycopodium japonicum Thunb. ex Murray 石松

L. serratum Thunb. 千层塔

Palhinhaea cernua（L.）Franco et Vasc. 灯笼草石松

P4. Selaginellaceae 卷柏科

Selaginella delicatula（Desv.）Alston 薄叶卷柏

S. doederleinii Hieron 深绿卷柏

S. involvens（Sw.）Spring 兖州卷柏

S. labordei Hieron 细叶卷柏

S. moaellendorfii Hieron 百叶卷柏

S. tamariscina（Beauv.）Spring 翠云草

P5. Equisetaceae 木贼科

Equisetum ramosissimum Desf. subsp. *debile*（Roxb. ex Vauch.）Hauke 笔管草

Equisetum ramosissimum Desf. 节节草

P6. Angiopteridaceae 观音座莲科

Angiopteris fokiensis Hieron. 观音座莲（马蹄蕨）

P7. Osmundsceae 紫萁科

Osmunda japonica Thunb. 紫萁

O. vachellii Hook. 华南紫萁

P8. Plagiogyriaceae 瘤足蕨科

Plagiogyria euphlebia Mett. 华中瘤足蕨

P. japonica Nakai 华南瘤足蕨

P9. Gleicheniaceae 里白科

+*Dicranopteris dichotoma*（Thunb.）Bernh. 芒萁

+*Diploptreygium chinensis*（Ros.）Devol. 华里白

P10. Lygodiaceae 海金沙科

+*Lygodium conforme* C. Chr. 海南海金沙

+*L. flexuosum*（L.）Sw. 曲轴海金沙

+*L. salicifolia* Fresl. 柳叶海金沙

+*L. scandens*（L.）Sw. 小叶海金沙

P11. Hymenophyuaceae 膜蕨科

Crepidomanes latealatum Copel. 翅柄假脉蕨

C. racemulosum Ching. 长柄假脉蕨（华南假脉蕨）

Hymenophyllum barbatum（v. d. B.）Bak. 华东膜蕨

Mecodium badium（Hook. et Grev.）Copel. 露蕨

M. lofoushanense Ching et Chiu 罗浮露蕨（特有种）

Trichomanes lofoushanense（Ching）Ching 罗浮瓶蕨（特有种）

P12. Dicksoniaceae 蚌壳蕨科

Cibotiwn barometz（L.）J. Sm. 金毛狗

P13. Cyatheaceae 桫椤科

+*Alsophila spinulosa*（Hook.）Tryon 桫椤

+*Cyathea podophylla*（Hook.）Copel 黑桫椤

Gymnosphaera hancockii（Cop.）Ching 粗齿桫椤（细齿黑桫椤）

P14. Dennstaektiaceae 碗蕨科

Microlepia lofoushanensis Ching 罗浮山鳞盖蕨（特有种）

M. spelunca（Aell.）Mcore. 热带鳞盖蕨

M. trapeziformis（Roxb.）Kuhn 针毛鳞盖蕨

P15. Lindsaeaceae 鳞始蕨科

Lindsaea cultrata（Willd.）Sw. 鳞始蕨

L. orbiculata（Lam.）Mett. 团叶鳞始蕨

L. ensifolia Sw. 剑叶鳞始蕨

L. heterophylla Dry. 异叶鳞始蕨

+*Stenoloma chusanum*（L.）Ching 乌韭

P16. Hypooepiaceae 姬蕨科

Hypolepis apicilaris B. S Wang 顶生姬蕨

H. puncata（Thunb.）Mett. 姬蕨

P17. Pteridaceae 蕨科

Pteridium aquilinum（L.）Kuhn var. *latiusculum*（Desv.）Underw 蕨

P18. Pteridaceae 凤尾蕨科

⁺*Pteris cretica* var. *nervosa*（Thunb.）Ching et S. H. Wu 凤尾蕨

Pteris cadieri Christ 条纹凤尾蕨

⁺*P. ensiformis* Burm. 剑叶凤尾蕨（井边茜）

P. excelsa Gaud 溪边凤尾蕨

P. fauriei Hieron. 金纹凤尾蕨（傅氏凤尾蕨）

⁺*P. multifida* Poir ex Lam 井栏凤尾蕨

⁺*P. semipinnata* L. 半边旗

⁺*P. vittata* L. 蜈蚣草

P19. Ceratopteridiaceae 水蕨科

⁺*Ceratopteris thalivtroidies*（L.）Brongn. 水蕨

P20. Sinopteridaceae 中国蕨科

Cheilosoria tenuifolia（Burm.）Trev. 博叶碎米蕨

Notholaena hirsuta（Poir）Desv. 隐囊蕨

⁺*Onychium japonicum*（Threnb.）Kuntze 日本乌蕨

P21. Adiantaceae 铁线蕨科

⁺*Adiantum capillus-veneris* L. 铁线蕨

⁺*A. caudatum* L. 有尾铁线蕨

A. diaphanum Bl. 长尾铁线蕨

⁺*A. flabellulatum* L. 扇叶铁线蕨

A. philippense L. 半月形铁线蕨

P22. Hemionitidaceae 裸子蕨科

Coniogramme guizhouensis Ching et Shing 贵州凤丫蕨

C. intermedia Hieron 中华凤丫蕨

P23. Athyriaceae 蹄盖蕨科

Allantodia crinipes（Ching）Ching 毛柄短肠蕨

A. metteniana（Miq.）Ching 江南短肠蕨（罗浮短肠蕨）

⁺*A. dilatata*（Bl.）Ching 膨大短肠蕨

Callipteris esculeata（Retz.）J. Sm. 网脉双线蕨

⁺*Diplazium donianum*（Mett.）Tard.-Blot 双盖蕨

D. lanceum（Thunb.）Presl 单叶新月蕨

D. mettenianum（Mig.）Diels 麦氏双盖蕨

D. zeylamicum（Hoor.）Moore 裂叶双盖蕨

P24. Thelypteridaceae 金星蕨科

⁺*Abacopteris simplex*（Hook.）Ching 单叶新叶蕨

Cyclosorus heterocarpus（Bl.）Ching 异子毛蕨

C. parasitcus（Linn.）Farwell 华南毛蕨（金星草）

C. suaberulus Ching 假尖羽毛蕨

Dictyocline griffithii Moore 圣蕨

Pseudocyclosorus ciliatus（Wall.）Ching 溪边假毛蕨

（*Thelypteris ciliata*（Wall.）Ching）

P. falcilobus（Hook.）Ching 鳞片假毛蕨

（*Thelypteris falciloba*（Hook.）Ching）

Pronephrium aspera（Presl）Shieh et Tsai 新月蕨

P25. Aspleniaceae 铁角蕨科

Asplenium crinicaule Hance 毛柄铁角蕨

A. excisum Perst. 切边铁角蕨

A. normale Don 倒挂铁角蕨

⁺*A. prolongatum* Hook. 长生铁角蕨

⁺*A. saxicola* Ros. 石生铁角蕨

A. wrightii Faton 狭翅铁角蕨

⁺*Neottopteris nidus*（L.）J. Sm. 巢蕨

P26. Blechnaceae 乌毛蕨科

⁺*Blechnum orientale* L. 乌毛蕨

Brainea insignis（Hook.）J. Sm. 苏铁蕨

⁺*Woodwardia harlandii* Hook. 假狗脊

⁺*W. japonica*（L. f.）Sm. 狗脊

W. unigenmmata（Makino）Nakai 单芽狗脊

P27. Pryopteridaceae 鳞毛蕨科

Archniodes simplicior（Nakino）Ohwi 长尾复叶耳蕨

⁺*Cyrtomium balansae*（Christ）C. Chr. 镰羽贯众

Dryopteris championii（Benth.）C. Chr. ex Ching 东南鳞毛蕨

D. fuscipes C. Chr. 黑足鳞毛蕨

D. labordei（Chr.）C. Chr. 齿头鳞毛蕨

D. varia（L.）Ktze. 变异鳞毛蕨

＊*Polystichum eximium*（Mett. ex Kuhn）C. Chr. 灰绿耳蕨

P28. Aspidiaceae 三叉蕨科

Tectaria subtriphylla（Hook. et Arn.）Cop. 三叉蕨（三羽叉蕨）

P29. Nephrolepidacea 肾蕨科

⁺*Nephrolepis auriculata*（L.）Trimen 肾蕨

P30. Oleandraceae 条蕨科

⁺*Oleandra cumingii* J. Sm. 华南条蕨

P31. Davalliaceae 骨碎补科

+*Davallia formosana* Hay. 大叶骨碎补

D. orientalis C. Chr. 大叶骨碎补

Humata repens (L.) Diels 阴石蕨

+*H. tyermanni* Moore 圆盖阴石蕨

+*Nephrolepis cordifolia* (L.) Presl. 肾蕨

P32. Polypodiaceae 水龙骨科

+*Colysis elliptica* (Thamb.) Ching 线蕨

+*C. hemionitidea* (Wall.) Presl 新线蕨

+*C. longipes* Ching 长柄线蕨

+*Drymoglossum piloselloides* (L.) Presl 抱树莲

+*Lemmaphyllum microphyllum* Presl 伏石蕨

Lepisorus obscure-venulosus (Hayata) Ching 粤瓦韦

L. rostrata (Bedd.) Ching 骨牌蕨

+*L. thunbergianus* (Kaulf.) Ching 瓦蕨

+*Microsorum dilatatum* (Bedd.) Ching 裂叶星蕨

+*M. fortunei* (Moore) Ching 江南星蕨

M. pteropus (Bl.) Cop. 有翅星蕨

+*M. punctatum* (L.) Copel. 星蕨

Neolepisorus ovatus (Bedd.) Ching 盾蕨

Phymatodes lucida (Roxb.) Ching 光亮弗蕨

P. scolopendria (Burm. f.) Ching 弗蕨（密网蕨）

+*Pyrrosia adnascens* (Sw.) Ching 贴生石韦

+*P. lingua* (Thunb.) Farw. 石韦

P33. Drynariaceae 槲蕨科

+*Pseudodrynaria coronans* (Wall.) Ching 崖姜蕨

P34. Marsileaceae 苹科

+*Marsilea quadrifolia* L. 苹

P35. Salviniaceae 槐叶苹科

Salvinia nutans (L.) All. 槐叶苹

P36. Azollaceae 满江红科

Azolla imbricata (Roxb.) Nakai 满江红

二、GYMNOSPERMAE 裸子植物亚门

G1. Cycadaceae 苏铁科

+*Cycas revoluta* Thunb. 苏铁

+*C. taiwaniana* Carruth. 台湾苏铁

G2. Araucaiaceae 南洋杉

⁺*Araucaria cunninghamia* Sweet 南洋杉

G3. Pinaceae 松科

⁺*Pinus elliottii* Engelm. 湿地松

⁺*P. massoniana* Lamb. 马尾松

G4. Taxodiaceae 杉科

⁺*Cunninghamia lanceolata*（Lamb.）Hook. 杉木

⁺*Glyptostrobus pensilis*（Staunt.）Koch 水松

G5. Cupressaceae 柏科

⁺*Cupressis funebris* Endl. 柏

⁺*Platycladus orientalis*（L.）Franco 侧柏

⁺*Sabina chinensis*（L.）Art. 圆柏

G6. Podocarpaceae 罗汉松科

⁺*Podocarpus fleuryi* Hichel 长叶竹柏

G7. Taxaceae 红豆杉科

Amentotaxus argotaenia（Hance）Pilger 穗花杉

G8. Gnetaceae 买麻藤科

⁺*Gnetum lofuense* Chen 罗浮买麻藤

⁺*C. montanum* Markgr. 买麻藤

⁺*G. parvifolium*（Warb.）C. Y. Ching 小叶买麻藤

三、ANGIOSPERMAE 被子植物亚门

（一）Dicotyledoneae 双子叶植物纲

1. Magnoliaceae 木兰科

⁺*Magnolia biloba* Cheng 厚朴

⁺*M. grandiflora* L. 荷花玉兰

M. paenetaiauma Dendy 长叶玉兰

⁺*Manglietia fordiana* Dandy 木莲

M. yuyanensis Law 乳源木莲

⁺*Michelia alba* DC. 白兰

⁺*M. bodinieri* inet et Gagnep. 黄心含笑

⁺*M. figo*（Lour.）Spreng. 含笑

⁺*M. maudiae* Dunn. 深山含笑

**M. skinnerana* Dunn. 野含笑（锈毛含笑）

2. Illiciaceae 八角科

⁺*Illicium dunnianum* Tutxher 红花八角

3. Schizandraceae 五味子科

⁺*Kadsura coccinea*（Lamb.）A. C. Smith 黑老虎

⁺*K. heteroclita*（Roxb.）Craib. 海风藤

⁺*K. longopedunculata* Finet et Gagnep. 南五味子

4. Annonaceae 番荔枝科

Dasymaschalon trichophorum Merr. 皂捐花

⁺*Desmos chinensis* Lour. 假鹰爪

⁺*Fissistigma glaucescens*（Hance）Merr. 白背瓜馥木

⁺*F oldhamii*（Hemsl.）Merr. 瓜馥木

F. uonichum（Dunn.）Merr. 香港瓜馥木

⁺*Uvaria grandiflora* Roxb. 山椒子

⁺*U. microcarpa* Champ. et Benth. 紫玉盘

5. Lauraceae 樟科

⁺*Cassytha filiformis* L. 无根藤

⁺*Cinnamomum burmanni* Bl. 阴香

⁺*C. camphora*（L.）Presl. 樟树

⁺*C. merrillianum* Allen 银叶樟

C. micranthum（Hayata）Hayata 沉水樟

⁺*C. porrectum*（Roxb.）Kosterm. 黄樟

⁺*Cryptocarya chinensis*（Hance）Hemsl. 厚壳桂

⁺*Lindera aggregata*（Sims）Kost. 乌药

⁺*L. chunii* Merr. 陈氏钓樟（鼎湖钓樟、白胶木）

⁺*L. communis* Hemsl 香叶树

L. pulcherrina（Wall.）Hook. f. var. *attenuata* Allen 尾叶美丽山胡椒

⁺*L. subcaudafta*（Merr.）Merr. 近尾叶钓樟

⁺*Litsea cubeba*（Lour.）Pers. 木姜子（山鸡椒）

⁺*L. glutinosa* Sm. 潺胶樟

⁺*L. monopetala*（Roxb.）Pers. 假柿木姜

⁺*L. rotundifolia* Hemsl. var. *oblongifolia*（Nees）Allen. 豺皮樟

⁺*Machilus chinensis*（Champ. ex Benth.）Hemsl. 华润楠

⁺*M. glabriramula* S. Lee 匙叶楠

M. grijsii Hance 黄桢楠

⁺*M. kwangtungensis* Yang 广东润楠

M. liangkwangensis Chun. 两广楠

M. monfticola S. Lee 尖峰桢楠

M. phoenicis Dunn 硬叶楠

M. salicina Hance 柳叶桢楠

M. suaveolens S. Lee 芳槁润楠

M. thunbergii Sieb. et Zucc. 红楠

M. velutina Champ. et Benth. 绒楠

Neolitsea chunii Merr 大新木姜

N. ellipsoides Allen. 椭圆新姜

⁺*Sassafras tsumu* Hemsl. 檫树（檫木）

6. Illigeraceae 青藤科

⁺*Illigera rhodantha* Hance 红花青藤

7. Ranunculaceae 毛莨科

⁺*Clematis amandii* Franch. 小木通

⁺*C. chinensis* Osb. 威灵仙

⁺*C. filamentosa* Dunn. 甘木通

⁺*C. meyeniana* Walp. 毛柱铁线莲

⁺*C. uncinata* Champ. 柱果铁线莲

⁺*Coptis chinensis* Franch. var. *brevisepala* W. T. Wang. et Hsiao 短萼黄连

⁺*Ranunculus cantoniensis* DC. 白扣草

⁺*Thalictrum clavatum* DC. 棒状唐松草（白蓬草）

8. Berberidaceae 小檗科

⁺*Dysosma pleianthus*（Hance）Woodw. 六角莲

⁺*D. versipellis*（Hance）Cheng 八角莲

9. Lardizabalaceae 木通科

⁺*Stauntonia chinensis* DC. 野木瓜

S. maculata Merr. 斑叶野木瓜

⁺*S. obovata* Hemsl. 倒卵叶野木瓜

10. Sargentodoxaceae 大血藤科

⁺*Sargentodoxa cuneata*（Oliv.）Rehd. et Wils. 大血藤

11. Menispermaceae 防己科

Cocculus orbiculatus（L.）DC. 毛木防己

⁺*C. trilobus*（Thunb.）DC. 木防己

⁺*Cyclea hypoglauca* Diels 百解藤（粉叶轮环藤）

⁺*C. sutchuenensis* Gagn. 尖尾轮环藤

⁺*Diploclisia glucescens*（Bl.）Diels. 苍白称钩风

Hypserpa nitida Miers 夜花藤

⁺*Pericamphlus glaucus*（Lam.）Merr. 细圆藤

⁺*Stephania dielsiana* Y. C. Wu 血散薯

⁺*S. longa* Lour. 粪箕笃

S. saecifera H. S. Lo et Y. Tsoong 小叶地下容

⁺*S. tetrandra* Moore. 粉防己

⁺*Tinospora sinensis*（Lour）Merr. 中华青牛胆（宽筋藤）

12. Aristolochiaceae 马兜铃科

⁺*Aristolochia fangchi* Wu ex Chow et Hwang 广防己

⁺*A. fordiana* Hemsl 通城虎

⁺*A. tagala* Champ. 耳叶马兜铃

A. thwaitesii Hook. f. 大花马兜铃

A. westlandii Hemsl 青藤香

⁺*Asarum sagittarioides* C. F. Liang 山慈菇

13. Piperaceae 胡椒科

* *Peperomia dindigulensis* Miq. 石蝉草

⁺*Peperomia pellucida*（L.）Kunth 草胡椒

P. reflexa A. Dietr. 豆瓣绿

⁺*Piper hancei* Maxim. 山蒟

⁺*P. sarmentosum* Roxb. 假蒟

⁺* *P. nigrum* L. 胡椒

14. Saururaceae 三白草科

⁺*Houttuynia cordata* Thunb. 鱼腥草

⁺*Saururus chinensis*（Lour.）Baill. 三白草

15. Chloranthaceae 金粟兰科

Chloranthus serratus（Thb.）Roem. ef. Schlt. 及巳
⁺*C. spicatus*（Thb.）Mak 金粟兰
⁺*Sarcandra glabra*（Thunb.）Nakai 草珊瑚

16. Fumariaceae 紫堇科

⁺*Corydalis pallida* Pers. 深山黄堇

17. Capparidaceae 白花菜科

⁺*Capparis cantoniensis*（Lour.）Merr 广州槌果藤

18. Cruciferae 十字花科

⁺* *Brassica aloglabra* Bailey 芥蓝
⁺* *B. campestris* L. 油菜
⁺* *B. caulorapa* Pasq. 芥蓝头
⁺* *B. chinensis* L. 青菜
⁺* *B. juncea* Czern. et Coss. 芥菜
⁺* *B. oleracea* L. var. *botrytis* L. 花椰菜
⁺* *B. oleracea* L. var. *capitata* L. 椰菜
⁺* *B. parachienesis* Bailey 菜心
⁺* *B. pekinensis*（Lour.）Rupr. 黄芽白
⁺*Capsella bursa - pastoris* Medic 荠菜
* *Cardamine hirsuta* Linn. 碎米荠
⁺* *Raphanus sativus* L. var. *longipinnatus* Bail. 萝卜
⁺*Rorippa montana*（Wall.）Small 塘葛菜
⁺*R. islandica*（Oed.）Lour. 沼生蔊菜

19. Violaceae 堇菜科

Viola davidi Franch. 深园齿堇菜
⁺*V. diffusa* Ging 蔓茎堇菜
⁺*V. inconspicua* Bl. 犁头草（长萼堇菜）
⁺*V. verecunda* A. Gray. 堇菜

20. Polygalaceae 远志科

⁺*Polygala aureocauda* Dunn 黄花倒水莲

+*P. chinensis* L. 金不换

+*P. japonica* Houtt. 瓜子金

P. tenuifolia Willd. 远志

Selomonia cantoniensis Lour. 莎箩莶

+*Securidaca inappendiculata* Hassk. 蝉翼藤

21. Crassulaceae 景天科

+*Bryophyllum pinnatum*（Lam.）Kurz. 落地生根

+*Sedum sarmentosum* Bge. 垂盆草

22. Saxifragaceae 虎耳草科

+*Saxifraga stolonifera* Meerb. 虎耳草

23. Droseraceae 茅膏菜科

+*Drosera burmanii* Vahl 锦地罗

+*D. peltata* Smith. var. *lunata*（Buch. – Ham）Clarke. 茅膏菜

24. Caryophyllaceae 石竹科

Dianthus superbus L. 曜菱

+*Drymaria cordata*（L.）Willd. 荷莲豆

+*Stellaria alsine* Grimm. 雀舌草

+*S. medica*（L.）Vill 繁缕

25. Molluginaceae 粟米草科

+*Mollugo pentaphylla* Linn. 粟米草

26. Portulacaeaa 马齿苋科

+*Portulaca oleracea* L. 马齿苋

P. grandiflora HK. 松叶牡丹

+*Talinum paniculatum*（Jacg.）Gaertn. 土人参

27. Polygonaceae 蓼科

+*Antenoron filiforme*（Thunb.）Roberty et Vautier 金钱草

+*Polygonum barbatum* L. 毛蓼

+*P. capitatum* Ham. 头花蓼

+*P. chinensis* L. 火炭母

⁺*P. cuspidatum* S. et Z. 虎杖

P. hastato-sagitatum Makino 箭叶蓼

⁺*P. hydropiper* L. 水蓼（辣蓼）

P. lapathifolium Linn. 大马蓼

⁺*P. lapathifolium* Linn. var. *salicifolium* Sibth. 柳叶蓼（掌叶蓼）

⁺*P. multiflorum* Thunb. 何首乌

P. nepalense Meisn. 尼泊尔蓼

⁺*P. perfoliatum* L. 杠板归

⁺*P. plebium* R. Br. 夜花蓼

28. Chenopodiaceae 藜科

⁺*Beta vulgaris* L. var. *cicla* L. 君达菜

⁺*Chenopodium album* L. 藜

⁺*C. ambrosioides* L. 土荆芥

⁺*Spinacia oleracea* L. 菠菜

29. Amarantaceae 苋科

⁺*Achyranthes aspera* L. 土牛膝

⁺*A. bidentata* Bl. 牛膝

⁺*A. longifolia* 长叶牛膝

⁺*Alternanthera sessilis* (L.) DC. 虾钳菜

A. philoxeroides (Mart.) Griseb. 空心莲子草（喜旱莲子草）

Amaranthus lividus L. 凹头苋

⁺*A. spinosus* L. 刺苋

⁺*A. tricolor* L. 苋

⁺*A. viridis* L. 野苋

⁺*Celosia argentea* L. *C. cristata* 青箱

⁺*C. cristata* L. 鸡冠花

⁺*Cyathula prostrata* (L.) Bl. 杯苋

Gomphrena celosioides Mart 银花苋

30. Basellaceae 落葵科

⁺*Basella rubra* L. 落葵

31. Oxalidaceae 酢浆草科

⁺*Averrhoa carambola* L. 阳桃

⁺*Oxalis corniculata* L. 酢浆草

⁺*O. corymbosa* DC. 红花酢浆草

32. Balsaminaceae 凤仙花科

⁺ * *Impatiens balsamina* L. 凤仙花

⁺*I. chinensis* L. 华凤仙

* *I. chlorosepala* Hand.-Mazz. 绿萼凤仙花

⁺*I. davidii* Franch. 野凤仙

I. tubulosa Hemsl. 黄管凤仙

33. Lythraceae 千屈菜科

⁺*Lagerstroemia indica* L. 紫薇

⁺*L. speciosa*（L.）Pers. 大花紫薇

⁺*L. subcostata* Koehne 南紫薇

⁺*Rotala rotundifolia*（Ham.）Koehne 圆叶节节菜

34. Sonneratiaceae 海桑科

Duabanga grandiflora（Roxb.）Walp. 八宝树

35. Punicaceae 安石榴科

⁺ * *Punica granatum* L. 安石榴

36. Onagraceae 柳叶菜科

⁺*Jussiaea linifolia* Vahl. 草龙

⁺*J. repens* L. 水龙

⁺*J. suffruticosa* L. 毛草龙

37. Haloragidaceae 小二仙草科

⁺*Haloragis chinensis*（Lour.）Merr. 黄花小二仙草

38. Thymelaeceae 瑞香科

⁺*Aquilaria sinensis*（Lour.）Gilg. 白木香(女儿香，土沉香)

Daphne chmpionü Benth. 白花了哥王

⁺*Wikstroemia indica*（L.）C. A. Mey. 了哥王

⁺*W. monnula* Hance 北江荛花

W. nutams Champ. 细轴荛花

39. Nyctaginaceae 紫茉莉科

⁺*Bougainvillea glabra* Choisy 宝巾

⁺*Mirabilis jalapa* L. 紫茉莉

40. Proteaceae 山龙眼科

⁺*Helicia cochinchinsis* Lour. 越南山龙眼（红叶树）

H. kwangtungensis W. T. Wang 萝卜树

H. reticulata W. T. Wang 大果山龙眼

41. Dilleniaceae 五桠果科

⁺*Tetracera asiatica*（Lour.）Hoogl. 锡叶藤

42. Pittosporaceae 海桐花科

⁺*Pittosporum glabratum* Lindl. 光叶海桐

⁺*P. pauciflorum* Hook. et Arn. 少花海桐（疏花海桐）

43. Flacourtiaceae 大风子科

⁺*Scolopia chinensis*（Lour.）Clos. 刺木冬

⁺*Kylosma longifolium* Clos. 长叶柞木

44. Samydaceae 天料木科

Casearia glomerata Roxb. 嘉锡树

C. villilimba Merr. 长毛叶嘉锡树

＊*Homalium hainanense* Gagnep 红花天料木

H. cochinchinense（Lour.）Druce 天料木

45. Cucurbitaceae 葫芦科

⁺＊*Benincasa hipida* Cogn. 冬瓜

⁺＊*Citrullus lanatus*（Thunb.）Mansfeld 西瓜

⁺＊*Cucumis melo* L. 香瓜

＊*C. melo* L. var. *conomon*（Thunb.）Makino 白瓜

⁺＊*C. sativa* L. 黄瓜

⁺＊*Cucurbita moschata* Duch. 南瓜

⁺*Gynostemma pentaphyllum*（Thunb.）Makino 绞股蓝

⁺＊*Luffa acutangula* Roxb. 丝瓜

⁺ *Melothria heterophylla*（Lour.）Cogn. 茅瓜

⁺ *M. maderaspatana* Cogn. 毛花马瓜交儿

⁺ *Momordica charantia* L. 苦瓜

⁺*Solena amplexicaulis*（Lam.）Gandhi 茅瓜

Thladiantha calcarata（Wall.）C. B. Clarke 大苞赤

Trichosanthes ovigera Bl. 全缘栝楼

T. uniflora Hao 双边栝楼

⁺*Zehneria indica*（Lour.）Ker. 老鼠拉冬瓜

46. Begoniaceae 秋海棠科

⁺*Begonia circumlobata* Hance 野海棠

⁺*B. crassirostris* Irmsch 粗喙秋海棠

⁺*B. cyclophylla* Hook. f. 圆叶秋海棠

⁺*B. fimbristipulata* Hance 紫背秋海棠

⁺*B. laciniata* Roxb. 裂叶秋海棠

47. Caricaeae 番木瓜科

⁺ *Carica papaya* L. 木瓜

48. Caricaceae 仙人掌科

⁺*Epiphyllum oxypetallum* Haw. 昙花

⁺*Hylocerus undatus*（Ham.）Britt. et Kose 量天尺

⁺*Opuntia dillenii* Haw. 仙人掌

⁺*Zygocactus truncatus*（Haw.）K. Schum. 蟹爪兰

49. Theaceae 茶科

Adinandra nitida Merr. ex. Li 亮叶扬桐

A. millettii（H. et A.）Benth. et Hook. f. 扬桐

Anneslea fragrans Wall. 红楣

Camellia caudata Wall. 尾叶山茶

⁺*C. cordifolia*（Metc.）Chun. 野山茶

C. furfuracea Merr. 糙果山茶

C. kissi Wall. 落瓣油茶

⁺*C. oleifera* Abel 油茶

C. salicifolia Champ. 柳叶毛蕊茶

C. sasanqua Thunb. 茶梅

⁺*C. sinensis* (L.) C. Ktze. 茶

Cleyera japonica Thunb. 红淡

C. pachyphylla Chun et Chang 厚叶红淡

Eurya alata Kobuski 翅柃

⁺*E. chinensis* R. Br. 米碎花

E. ciliate Merr. 华南毛柃

E. disticha Chun 秃小耳柃

E. distichophylla Hemsl. 二裂叶柃

E. glandulosa Merr. 腺柃

⁺*E. groffii* Merr. 岗柃

E. loquiana Dunn 细枝柃

E. macartneyi Champ. 黑柃

E. mitida Kobuski 细齿叶柃

Hartia sinensis Dunn 折柄茶

H. villosa (Merr.) Merr. 毛折柄茶

⁺*Schima superba* Gardn et Champ. 荷木（木荷）

Ternstroemia gymanthera Sprague 厚皮香

T. microcarpa Dunn 小果石笔木

Tutcheria championi Nakai 石笔木

50. Pentaphylacaeae 五列木科

Pentaphylax euryoides Gard. et Champ. 五列木

51. Actinidiaceae 猕猴桃科

Actinidia fulvicoma Hce. 棕毛猕猴桃

A. latifolia (Gardn. et Champ.) Merr. 宽叶猕猴桃（多花猕猴桃）

52. Saurauiaceae 水东哥科

⁺*Saurauia tristyla* DC. 水东哥

53. Myrtaceae 桃金娘科

Acmena acuminatissima (Bl.) Merr. et Perry 肖蒲桃

⁺*Baeckea frutescens* L. 岗松

Callistemon rigidus R. Br. 红千层

⁺*Cleistocalyx operculatus* (Roxb.) Merr. et Perry 水翁

Decaspermum cambodianum Gagnep. 柬埔寨子楝树

**Eucalyptus camaldulensis* Dehn 赤桉

E. citriodore Hook. f. 柠檬桉

E. dealbata A. Cunn. 白皮桉

+ *E. exserta* F. V. Muell. 隆缘桉

+ *E. robusta* Sm. 大叶桉

E. saligna Sm. 柳叶桉

E. tereticornis Smith 细叶桉

E. urophylla S. T. Blake 尾叶桉

+ *Melalleuca leucadendra* L. 白千层

+ *Psidium guajava* L. 番石榴

+*Rhodomyrtus tomentosa* (Ait.) Hassk. 桃金娘

Syzygium buxifolium Hook. et Arn. 赤楠

S. buxifolium Hook. et Arn. var. *austrosinense* Merr. et Perry 华南赤楠蒲桃

S. grijsii (Hance) Merr. et Perry 轮叶赤楠

S. euonymifotium (Metc.) Merr. et Perry 卫矛叶蒲桃

S. championii (Benth.) Merr. et Perry 子陵蒲桃

S. hancei Merr. et Perry. 红鳞蒲桃

S. jambos (L.) Alston 蒲桃

S. levinei (Merr.) Merr. et Perry 白车(山叶蒲桃)

S. rehderianum Merr. et Perry 红车

54. Melastomaceae 野牡丹科

Barthea barthei (Hance) Krasser 棱果木

+*Blastus cochinchinensis* Lour. 野金香

B. dunnianus Levl. 巨萼柏拉木

+*B. fordii* (Hec.) Diels 野海棠

+*Melastoma candidum* D. Don 野牡丹

+*M. dodecandrum* Lour. 地菍

+*M. normale* D. Don 肖野牡丹

+*M. sanguineum* Sims 毛菍

Memecylon hainanense Merr. et Chun 海南谷木

M. ligustrifolium Champ. ex Benth. 谷木(壳木)

+*Osbeckia chinensis* L. 金锦香

+*O. crinita* Benth. ex C. B. Clarke 朝天罐

55. Combretaceae 使君子科

+*Combretum alfredii* Hance 华风车子

+*Quisqualis indica* L. 使君子

56. Rhizophoraceae 红树科

+ *Carallia brachiata* (Lour.) Merr. 竹节树

57. Hypericaceae 金丝桃科

+ *Cratoxylum cochinchinensis* (Lour.) Bl. 黄牛木

Hypericum attenuatum Choisy. 赶山鞭

+ *H. chinense* Linn. 金丝桃

+ *H. japonicum* Thunb. 地耳草（田基黄）

+ *H. japonicum* Thunb. var. *hainantense* Masamune 细叶地耳草

H. monogynum L. 金丝草

+ *H. sampsonii* Hance 元宝草

58. Guttiferae 山竹子科

+ *Calophyllum membranaceum* Gerdn. et Champ. 横经席（薄叶红厚壳）

+ *Garcinia multiflora* Champ. 多花山竹子

+ *G. oblongifolia* Champ. 长叶山竹子

59. Tiliaceae 椴树科

+ *Corchorus acutangulus* Lam. 甜麻（假黄麻）

+ *Microcos paniculata* L. 破布叶

+ *Triumfetta rhomboidea* Jacq. 刺蒴麻

+ *T. tomentosa* Bl. 白毛刺蒴麻

60. Elaeocarpaceae 杜英科

Elaeocarpus chinensis (Gardn. et Champ) Hook. f. 华杜英

E. doclouxvii Gagnep. 广西杜英

E. japonicus S. et Z. 薯豆

E. sylvestris (Lour.) Poir. 山杜英

E. varunua Buch-Ham 美脉杜英

61. Sterculiaceae 梧桐科

+ *Byttneria aspera* Colebr. 刺果藤

+ * *Firmiana simplex* (L.) Wight 梧桐

+ *Helicteres angustifolia* L. 山芝麻

+ *H. lanceolata* DC. 剑叶山芝麻

$^+$*Pterospermum heterophyllum* Hance 翻白叶树（半枫荷）

P. lanceaefolium Roxb. 窄叶半枫荷

Reevesia thyrsoidea Lindl. 两广梭罗树

R. lofouensis Chun et Hsue 罗浮梭罗树

$^+$*Sterculia lanceolata* Cav. 假苹婆

$^+$*S. nobilis* Smith. 苹婆

$^+$*S. subnobilia* Hsue 罗浮苹婆

62. Bombacaceae 木棉科

$^+$*Bombax malarica* DC. 木棉

63. Malvaceae 锦葵科

$^+$*Abelmoschus moschatus*（L.）Medic. 黄葵

$^+$*Abutilon indicum*（L.）Sweet 磨盘草

A. manihot（L.）Medic 黄蜀葵

$^+$ * *Hibiscus mutabilis* L. 木芙蓉

$^+$ * *H. rosa-sinensis* L. 大红花

H. schizopetalus（Must.）Hook. f. 吊灯花

$^+$*H. tiliaceus* L. 黄槿

$^+$*Malvastrum coromandelianum*（L.）Garche 赛葵

$^+$*Sida acuta* Burm. f. 黄花稔

$^+$*S. alnifolia* L. var. *microphylla*（Cava.）S. Y. Hu 小叶小柴胡

$^+$*S. cordifolia* Linn. 心叶黄花稔

$^+$*S. rhombifolia* L. 白背黄花稔

$^+$*Urena lobata* L. 肖梵天花

$^+$*U. procumbens* L. 梵天花

64. Malpighiaceae 金虎尾科

Hiptage bengalensis（L.）Kurz 风车藤

65. Ixonanthaceae 黏木科

Ixonanthes chinensis Champ. 粘木

66. Euphorbiaceae 大戟科

$^+$*Acalypha australis* L. 铁苋菜

$^+$*A. wilkesiana* Muell.-Arg. 红桑

⁺*Alchornea trewioides* (Benth.) Muell.-Arg. 红背山麻秆

Aleurites moluccana (L.) Willd. 石粟

⁺*Antidesma bunius* (L.) Spreng 五月茶

⁺*A. ghaesembilla* Gaertn. 方叶五月茶

⁺*Aporosa chinensis* (Champ.) Merr. 银柴（大沙叶）

Bacaurea ramiflora Lour. 枝花木奶果

⁺*Bischofia javanica* Bl. 重阳木

⁺*Breynia fruticosa* (L.) Hook. f. 黑面神

⁺*B. rostrata* Merr. 喙果黑面神

⁺*Bridelia tomentosa* Bl. 土密树

Claoxylon polot (Burm.) Merr. 白桐树

Cleidion brevipetiolatum Pax et Hoffm. 棒柄花

Croton crassifolius Geisel. 鸡骨香

⁺*C. lachnovarpus* Benth. 毛果巴豆

⁺*C. tiglium* L. 巴豆

⁺*Endospermum chinense* Benth. 黄桐

⁺*Euphorbia antiquorum* L. 火殃勒

⁺*E. hirta* L. 飞扬草

⁺*E. indica* Lam. 通奶草

⁺*E. millii* Ch. des Moulins 铁海棠

⁺*E. pulcherrima* Willd. 一品红

⁺*E. thymifolia* L. 千根草

Excoecaria cochinchinensis Lour. 红背桂

⁺*Fluggea virosa* (Walld.) Baill (*Securinega virosa* Baill.) 白饭树

⁺*Glochidion dasyphyllum* K. Koch 厚果算盘子

⁺*G. eriocarpum* Champ. 毛果算盘子

⁺*G. hongkongensis* Maell.-Arg. 香港算盘子

⁺*G. macrophyllum* Benth. 大叶算盘子

⁺*G. puberum* (L.) Hutch. 算盘子

⁺*G. wrightii* Benth. 白背算盘子

G. triandrum (Blanco) Rob. 三雄算盘子

⁺*Macaranga denticulata* (Bl.) Muell-Arg. 中平树

M. tanarius Muell.-Arg. 血桐

⁺*Mallotus apelta* (Lour.) Muell.-Arg. 白背叶

M. paniculatus (Lam.) Muell.-Arg. 白楸

⁺*M. philippinensis* (Lam.) Muell.-Arg. 粗糠柴

⁺*M. repandus* (Wind.) Muell.-Arg. 石岩枫

⁺ * *Manihot esculenta* Crantz 木薯
⁺ *Microdesmis caseariifolia* Planch. 小盘木
⁺ * *Pedilanthus tithymaloides* (L.) Poir. 红雀珊瑚
⁺ *Phyllanthus cochinchinensis* Spreng. 越南叶下珠
⁺ *P. emblica* L. 余甘子
⁺ *P. reticulatus* Poir. 烂头钵
⁺ *P. urinaria* L. 叶下珠
⁺ * *Ricinus communis* L. 蓖麻
⁺ *Sapium discolor* (Champ.) Muell.-Arg. 山乌桕
⁺ *S. rotundifolium* Hemsl. 圆叶乌桕
⁺ *S. sebiferum* (L.) Roxb. 乌桕
⁺ *Sauropus spatusifolius* Beille 龙利叶
Vernicia montana Lour. 千年桐

67. Daphnipyllaceae 交让木科

⁺ *Daphniphyllum calycinum* Benth. 牛耳枫
⁺ *D. oldhami* (Hemsl.) Rosenth. 虎皮楠

68. Escalloniaceae 鼠刺科

Itea chinensis Hook. et Arn. 鼠刺
⁺ *I. chinensis* Hook. et Arn. var. *oblonga* (H.M.) Wu 长圆叶鼠刺

69. Hydrangeaceae 绣球花科

⁺ *Dichroa febrifuga* Lour. 黄常山
⁺ * *Hydrangea macrophylla* (Thb.) Ser. 八仙花（绣球）
⁺ *H. coenobialis* Chun 酥醪绣球
Pileostegia tomentolli Hend.-Mazz. 星毛冠盖藤
P. viburnoides Hook. f. et Thoms. 冠盖藤

70. Rosaceae 蔷薇科

⁺ *Agrimonia nipponica* Koidz. var. *occidentatis* Skaliky 小花龙芽草
⁺ *A. pilosa* Cedeb. 仙鹤草
⁺ * *Chaenomeles sinensis* (Thouin.) Koehne 光叶木瓜
⁺ *Duchesnea indica* Focke 蛇莓
⁺ *Eriobotrya fragrans* Champ. 山枇杷
⁺ *E. japonica* (Thunb.) Lindl 枇杷

+ *Photinia beauverdiana* Schneid. 中华石楠

P. beauverdiana Schneid. var. *lofauensis* Metc. 罗浮中华石楠

P. benthamiana Hance var. *obovata* H. L. Li 倒卵叶石楠

P. prunifolia Lindl. 石斑木

Prunus macrophylla Sieb. et Zucc. 大叶野樱

+ * *P. mune* Sieb. et Zucc 梅

+ *P. persica*（L.）Betsch. 桃

+ *P. phaeosticta*（Hance）Maxim. 腺叶樱桃

Pygeum topengii Merr. 臀形果

+ *Pyrus calleryana* Decne 豆梨

+ *P. calleryana* Decne. var. *koehnei*（Schneid.）Yu 棠梨

+ *P. pyrifolia*（Burm. f.）Nakai 沙梨

+ *Rhaphiolepis indlca*（L.）Lindl. 石班木（车轮梅）

+ * *Rosa chinensis* Jacq. 月季花

+ *R. laevigata* Michx. 金樱子

+ *R. odorata* Sweet. 玫瑰

+ *R. buergeri* Mig. 寒莓

+ *Rubus alceaefolius* Sm. 粗齿悬钩子

+ *R. corchorifolius* L. f. 山莓

R. hanceanus O. Ktze. 韩凡悬钩子（华南悬钩子）

R. ichangensis Hemsl. et Kuntze. 宜昌莓

R. jambosoides Hance 蒲桃叶悬钩子

+ *R. leucanthus* Hance 白花悬钩子

R. malifolius Focke 羊尿泡（海棠叶莓）

R. mingii Chun 琴叶山泡

+ *R. parvifolius* L. 茅莓

+ *R. reflexus* Kes. 绣毛莓

+ *R. reflexus* Ker. var. lanceolobus Metc 红泡刺

+ *R. rosaefolius* Sm. 空心泡

+ *R. swinhoei* Hance 木莓

+ *R. sumatranus* Mig. 红腺悬钩子

Spiraea chinensis Maxin. 中华绣线菊

71. Calycanthaceae 蜡梅科

+ * *Chimonanthus praecox* Link. 蜡梅

72. Mimosaceae 含羞草科

+ * *Acacia auriculaeformis* Cunn. 大叶相思

⁺ * *Acacia confusa* Merr. 台湾相思

⁺ * *A. mangium* Willd. 马占相思

A. pennata (Lour.) Willd. 羽叶金合欢

⁺ *Adenanthera pavoniana* L. 海红豆

Albizia chinensis (Obeck) Merr. 楹树

A. corniculata (Lour.) Druce 天香藤

A. kalkora (Roxb.) Prain 山合欢

⁺ * *A. lebbeck* (L.) Benth. 大叶合欢

⁺ *Entada phaseoloides* (L.) Merr. 榼子藤（过江龙眼镜豆）

⁺ *Leucaena leucocephala* (Lam.) de Wit 银合欢

⁺ *Mimosa pudica* L. 含羞草

Mimosa sepiaria Benth. 簕仔树（光荚含羞草）

⁺ *Pithecellobium clypearia* Benth. 猴耳环

⁺ *P. lucidum* Benth. 亮叶猴耳环

73. Caesalpiniaceae 苏木科

⁺ *Bauhinia blakeana* Dunn. 红花羊蹄甲

⁺ *B. championii* Benth. 龙须藤

⁺ * *B. purpurea* L. 羊蹄甲

B. variegata L. 洋紫荆

⁺ *Caesalpinia milletii* Hook. et Arn. 小叶云实

⁺ *C. minax* Hance. 南蛇藤

C. nuga Ait. 华南云实（假老虎勒）

⁺ * *Cassia fistula* L. 腊肠树

⁺ *C. mimosoides* L. 含羞草决明（山扁豆）

⁺ *C. occidentalis* L. 望江南（野扁豆）

Delonix regia Raf. 凤凰木

Erythrophleum fordii Oliv. 格木

Gleditsia australis Hemsl. 小果皂荚

G. sinensis Lam. 皂荚

74. Papilionaceae 蝶形花科

⁺ *Abrus cantoniensis* Hance. 鸡骨草

⁺ *A. mollis* Hance. 毛鸡骨草（毛相思子）

⁺ *Aeschynomene indca* Linn. 含萌

⁺ *Alysicarpus vaginalis* (L.) DC. 链荚豆

⁺ * *Arachis hypogaea* L. 花生

⁺ *Astragalus sinicus* L. 紫云英

⁺ *Atylosia scarabaeoides* (L.) Benth. 蔓草虫豆

Bowringia callicarpa Champ. 藤槐(包氏槐)

⁺ *Cajanus flavus* DC. 木豆

Crotalaria albida Heyne et Roth. 响铃豆

C. assamica Benth. 大猪屎豆

C. mucronata Desv. 猪屎豆

⁺ *C. sessiliflora* L. 野百合

⁺ *Dalbergia balansae* Prain 南岭黄檀

⁺ *D. hancei* Benth. 藤黄檀

⁺ *D. millettii* Benth. 香港黄檀

D. pinnata (Lour.) Parain 羽叶黄檀

⁺ *Derris fordii* Oliv. 中南鱼藤

⁺ *D. fordii* Oliv. var. *lucida* How 亮叶鱼藤

⁺ *D. hancei* Hemsl. 肇庆鱼藤

D. caudatum (Thunb.) DC. 羊带归(小槐花)

Desmodium heterophyllum (Willd.) DC. 异叶山绿豆

D. gangeticum (L.) DC. 大叶山绿豆

⁺ *D. styracifolium* (Osb) Merr. 金钱草

⁺ *D. triflorum* (L.) DC. 三点金草

⁺ *D. triquetrum* (L.) DC. 葫芦茶

⁺ *Dumbaria posocarpa* Kurz. 长柄野扁豆

⁺ *D. rotundifolia* (Lour.) Merr. 圆叶野扁豆

⁺ *Eriosema chinensis* Vog. 中华鸡头薯

Erythrina corallodendron L. 龙芽花

⁺ * *E. variegata* L. 刺桐

⁺ * *Glycine max* (L.) Merr. 大豆

Hylodesmum laterale (Schindl.) H. Ohashi & R. R. Mill. 侧序长柄山蚂蟥

⁺ *Indigofera suffruticosa* Mill. 假蓝靛

⁺ *Kummerowia striata* (Thunb.) Schindl. 鸡眼草

⁺ *Lespedeza cuneata* G. Don. 铁扫把

L. formasa Koehne. 美丽胡枝子

Millettia argyren T. C. Chen 银瓣崖豆藤

M. dielsiana Harms ex Diels 山鸡血藤(香花崖豆藤)

⁺ *M. heterocarpa* T. Chen 异果崖豆藤

⁺ *M. pachycarps* Benth. 厚果鸡血藤

⁺*M. reticulata* Benth. 鸡血藤（网络崖豆藤）

⁺*M. speciosa* Champ. 牛大力藤（美丽崖豆藤）

⁺*Moghanla macrophylla*（Willd.）O. Ktze. 大叶千斤拔

⁺*M. philippinensis* Merr. et Rolfe Li 蔓性千斤拔

⁺*Mucuna birdwoodiana* Tutcher 白花油麻藤

⁺*Ormosia fordiana* Oliv. 肥荚红豆

O. glaberrima Wu 光叶红豆

O. pachycarpa Champ. var. *tenuis* Chun 薄毛茸荚红豆

O. semicastrata Hance 软荚红豆

O. semicastrata Hance f. *palida* How 苍叶红豆

Phyllodium elegans Desv. 黄毛排钱草（毛排钱树）

P. pulchellum Desv. 排钱草

⁺*Pueraria lobata*（Willd.）Ohwi 野葛

⁺*P. monntana*（Lour.）Merr. 山葛藤

P. phaseoloides Benth. 三裂叶野葛

⁺*P. thomsoni* Benth. 粉葛

Pycnospora lutescens（Pair.）Schindl. 密子豆

⁺*Rhynchosisia volubilis* Lour. 鹿霍

⁺*Smithis sensitiva* Ait. 坡油甘

⁺*Tadehagi triquertum*（L.）Ohashi 葫芦茶

Thermopsis alpina Ledeb. 高山黄华

⁺*Uraia crinita* Desv. 猫尾草

⁺*Uraria crinita* Desv. var. *macrostachya* Wall. 长穗狸尾草

⁺*U. lagepodioides*（L.）DC. 狸尾草

⁺*Zornia diphylla* Pers. 丁葵草

75. Hamamelidaceae 金缕梅科

⁺*Altingia chinensis*（Champ.）Oliv. 蕈树

⁺*Distylium myricoedes* Hemsl. 杨梅蚊母树

D. racemosum Sieb et Zuce. 蚊母树

Exbucklandia tonkinensis（Lec.）sfeenis. 大果马蹄荷

⁺*Liquidambar formosana* Hance. 枫香

⁺*Loropetalum chinensis*（R. Br.）Oliv. 继木

Rhodoleia championii Hook 红花荷

⁺*Semiliquidambar cathayensis* Chang 半枫荷

Sucopsis dunnii Hemsl. 尖水丝梨

Sycopsis tutcheri Hemsl. 纯水丝梨

76. Eucommiaceae 杜仲科

+ * *Eucommia ulmoides* Oliv. 杜仲

77. Buxaceae 黄杨科

+ *Buxus harlandii* Hance. 细叶黄杨
B. myrica Levl. 杨柳黄杨

78. Salicaceae 杨柳科

+ *Sallix babylonica* L. 垂柳

79. Myricaceae 杨梅科

+ *Myrica esculenta* Buch.‑Ham. 毛杨梅
+ *M. rubra* Sieb. et Zucc. 杨梅

80. Fagaceae 壳斗科

+ *Castanea molliseima* Bl. 板栗
Castanopsis armata（Roxb.）Spach 青栲
Castanopsis cuspidata Sckky. 米槠
C. carlesii（Hemsl.）Hay. 小红栲（细枝栲）
+ *C. chinensis* Hance. 锥栗
C. concinna（Champ.）A. DC. 华南锥
C. eyrei（Champ.）Tutch. 甜槠
C. fabri Hance. 罗浮栲
C. fissa R. et W. 鱉萴（闽粤栲、大叶栎）
C. fordii Hance. 毛锥（岭南栲）
C. formosana（Skan）Hay. 台湾栲
C. hystrix Miq. 刺栲（红锥）
C. kawakamii Hayata 吊皮栲
C. lamontii Hance 铁锥栲
C. sclerophylla（Lindll.）Schott. 苦槠
Lithocarpus corneus（Lour.）Rehd. 烟斗稠（烟斗柯）
L. chrysocoma Chun et Tsiang. 黄稠
L. glaber（Thunb.）Nakai 石柯
L. elmerrillii Chun 万宁柯
L. hancei（Benth.）Rehd. 硬壳稠

L. howii Chun 侯氏石栎

L. lofouensis Chun 罗浮柯

L. polystachyus（DC.）Rehd 多穗石栎（多穗柯）

L. synbalanus（Hance）Chun 两广石栎

L. uvariifolius（Hce.）Schky 紫玉盘柯

L. uvariifolius var. *ellipticus*（Metc.）Huang et Y. T. Chang 卵叶玉盘柯

L. iteaphyloides Chun 珠眼石柯

Quercus blakei Skan. 栎子树

Q. glauca Thunb. 青冈栎

Q. glauca Thunb. var. *gracilis* Camus. 细枝青冈栎

+ *Q. myrsinaefolia* Bl. 小叶青冈栎

81. Casuarinaceae 木麻黄科

+ * *Casuarina equisetifolia* L. 木麻黄

82. Ulmaceae 榆科

Aphananthe aspera（Thunb.）Flanch. 糙叶树

+ *Celtis biondii* Pamp. 紫弹树

+ *C. sinensis* Pers. 朴树

+ *Gironniera subaequalis* Planch. 白颜树

+ *Trema angustifolia* Bl. 狭叶山黄麻

+ *T. cannabina* Luor. 光叶山黄麻

+ *T. orientalis*（L.）Bl. 山黄麻

83. Moraceae 桑科

+ * *Artocarpus heterophyllus* L. 木菠萝

A. hypargyreus Hance 白桂木

A. tonkinensis A. Chev. ex Gagme 胭脂（越南桂木）

+ *Broussonetia kazinoki* Sieb. et Zucc. 小构树（葡蟠）

+ *B. papyrifera*（L.）Vent. 构树

+ *Cudrania cohinchinensis*（Lour.）Kudo et Masam. 畏芝（穿破石）

+ *Ficus abelii* Miq. 水榕（石榕树）

F. championii Benth. 黄果榕

+ *F. erecta* Thunb. var. *beecheyana*（Hook. et Arn.）King. 天仙果（鹿饭榕）

+ *F. fistulosa* Reinw. ex Bl. 水同木

F. formosana Maxim. var. *shimadai*（Hayata）W. C. Chen 窄叶台湾榕

⁺*F. fulva* Reinw. 黄毛榕

F. hainanensis Merr. et Chun 海南榕

⁺*F. hirta* Vahl. 粗叶榕

⁺*F. hispida* Linn. f. 对叶榕

⁺*F. microcarpa* Linn. f. 榕树（小叶榕）

F. nervosa Heyne 显脉榕

⁺*F. pandurata* Hance. 琴叶榕

⁺*F. pandurata* Hance var. *holophylla* Migo 全缘榕

⁺*F. pumila* L. 薜荔

F. pyriformis Hook. et Arn. 梨果榕

F. religiosa L. 菩提榕

F. sagittata Vahl. 箭叶榕（羊乳榕）

F. samentosa Ham ex Sm. var. *luducea*（Roxb.）Corn. 匍茎榕

⁺*F. simplicissima* Luor. 五指毛桃

⁺*F. stenophylla* Hamsl. 竹叶榕

F. subulata Bl. 假斜叶榕

⁺*F. variegata* Bl. var. *chlorocarpa*（Benth.）King 青果榕

⁺*F. variolosa* Lindl. ex Benth 变叶榕

F. formosana Maxim 台湾榕

F. virens Ait. 笔管榕

⁺ * *Morus alba* L. 桑

⁺*M. wittiorum* Hand - Mazz. 黔鄂桑

84. Urticaceae 荨麻科

⁺*Boehmeria nivea*（L.）Gaud. 苎麻

⁺*Elatostema henryanum* H. M. 楼梯草

⁺*E. lineolatum* Wight var. *majus* Thw. 线条楼梯草（多齿楼梯草）

⁺*E. platyphyllum* Wedd. 阔叶楼梯草

⁺*Memorialis hirta*（Bl.）Wedd. 蔓苎麻（糯米团）

Oreocnide frutescens（Thunb.）Miq. 紫麻

Pellionia radicans（Sieb. et Zucc.）Wedd. 赤车

P. scabra Benth. 蔓赤车

⁺*Pilea microphylla*（L.）Liebm. 透明草（小叶冷水花）

⁺*Pouzolzia zeylanica*（L.）Benn. 雾水葛

Procris laevigata（Hassk）Bl. 藤麻

85. Cannabinaceae 大麻科

Humulus scandens（Lour.）Merr. 葎草

86. Aquifoliaceae 冬青科

Ilex angulata Merr. et Lhun 棱叶冬青
+ *I. asprella* Champ. 梅叶冬青
I. crenata Thunb. 波缘冬青
I. confertiflora Merr. 密花冬青
I. dasyphylla Merr. 黄毛冬青
I. formosana Maxim. 台湾冬青
I. hainanensis Merr. 海南冬青
I. kwangtungensis Merr. 广东冬青
I. liangii S. Y. Hu 保亭冬青
I. lohfauensis Merr. 罗浮冬青
I. memcylifolia Champ. 谷木冬青
I. nuculicava S. Y. Hu 洼皮冬青
+ *I. pubescens* Hook. et Arn. 毛冬青
+ *I. rotunda* Thunb. 铁冬青(救必应)
I. triflora Bl. 三花冬青
* *I. tutcheri* Merr. 罗浮冬青

87. Celastraceae 卫矛科

Celastrus hindsii Benth. 清江藤
C. monospermus Roxb. 单子南蛇藤
Euonymus chnensis Lindl. 华卫矛
E. dimorphylla Hyang 二型卫矛
+ *E. fortunei* (Turcz.) H-M. 扶芳藤
E. hederaceus Champ. 常春卫矛
E. japonicus Thunb. 冬青卫矛
E. laxiflora Champ. 疏花卫矛
E. tsoi Merr. 左氏卫矛

88. Hippocrateaceae 翅子藤科

Loeseneriella concinna A. C. Smith. 程香籽树

89. Icacinaceae 茶茱萸科

+ *Mappianthus iodoides* H. M. 甜果藤

90. Loranthaceae 桑寄生科

Dendrophthoe pentandra（L.）Miq 五蕊寄生

Helixanthera parasitica Lour. 离瓣寄生

Macrosolen fordii（Merr.）Dans. 福氏鞘花

M. cohinchinensis（Lour.）Van Tregh. 越南鞘花（杉树寄生）

Scurrula parasitica L. 红花寄生

Taxillus chinensis（DC.）Dans. 广寄生

T. levinei（Merr.）H. S. Kiu 钝果寄生

[+]*Viscum articulatum* Burm. f. 扁枝槲寄生

V. liquidanbaricolum Hay. 枫香槲寄生

[+]*V. ovalifolium* DC. 柚树寄生

91. Santalaceae 檀香科

[+]*Dendrotrophe frutescens*（Benth）Dans 寄生藤

[+]*Pyrularia sinensis* Wu 檀梨

[+] * *Santalum album* L. 檀香

92. Balanopaphaceae 蛇菰科

[+]*Balanophora harlandii* Hook. f. 广东蛇菰

[+]*B. valida* Diles 粗壮蛇菰

93. Rhamnaceae 鼠李科

[+]*Berchemia fluribunda*（Wall）Brongn. 多花勾儿茶

[+]*B. lineata* DC. 老鼠耳（铁包金）

[+]*B. giraediana* Sehn. 大叶老鼠耳

[+]*Hovenia dulcis* Thunb. 枳木具

[+]*Paliurus ramosissimus*（Lour.）Poir. 马甲子

[+]*Rhamnus crenata* Sieb. et Zucc. 长叶冻绿（黄药）

[+]*R. leptophylla* Schneid 薄叶鼠李

Sageretia hamosa Brongn. 钩状雀梅藤

[+]*S. theezans* Brongn. 雀梅藤

[+]*Ventilago leiocarpa* Benth. 翅核果

94. Elaeagnaceae 胡颓子科

[+]*Elaeagnus glabra* Thunb. 蔓胡颓子

95. Vitaceae 葡萄科

⁺*Ampelopsis brevipedunculata*（Maxim.）Trant. 蛇葡萄

⁺*A. cantoniensis* Planch. 粤蛇葡萄

⁺*Caryatia japonica*（Thunb.）Gagn. 乌敛莓

⁺*Cissus hexangularis* Thorel. ex Planch. 翅茎白粉藤

⁺*Cissus pteroclade* Hayata 四方藤

⁺*C. repens* Lam. 白粉藤

⁺*Parthenocissus heterophylla*（Bl.）Merr. 异叶爬山虎

⁺*P. himalayana*（Royle）Planch. 三叶爬山牙

⁺*Tetrastigma caudatum* Merr. et Chun 尾叶崖爬藤

⁺*T. hemeleyanum* Diels et Gilg. 三叶崖爬藤

⁺*T. planicaule*（HK.）Gagnep. 扁担藤（扁茎崖爬藤）

⁺*T. pubinerve* Merr. et Chun 毛脉崖爬藤

⁺*Vitis balanseana* Planch 山葡萄

V. pentagona Diels et Gilg. 毛葡萄

⁺﹡*V. vinifera* L. 葡萄

96. Rutaceae 芸香科

⁺*Acronychia pedunculata*（L.）Miq. 降真香（山油柑）

⁺﹡*Citrus grandis*（L.）Osbeck 柚

⁺﹡*C. limonia* Osbeck 黎檬

⁺﹡*C. reticulata* Bl. 柑橘

⁺﹡*Clausena lansium*（Lour.）Skeels 黄皮

﹡*Evodia fargesii* Dobe 臭辣树（臭辣吴茱萸）

⁺*E. lepta*（Spreng.）Merr. 三叉苦

⁺*E. meliaefolia* Benth 楝叶吴茱萸

⁺*Glycosmis parviflora*（Sims）Little 山小桔

⁺﹡*Murraya paniculata*（L.）Jack. （九里香）千里香

Skimmia arborescens Anders. et Yambla. 乔木茵芋

⁺*Toddalia asiatica* Lam. 飞龙掌血

⁺*Zanthoxylum avicennae*（Lam.）DC. 勒木党

⁺*Z. austrosinense* Huang 岭南花椒

⁺*Z. cuspidatum* Champ. 花勒木党

Z. dissitum Hemsl. 蚬壳花椒

⁺*Z. nitidum*（Roxb.）DC. 两面针

$^+Z.\ nitidum$(Roxb.)DC. f. *fastuosum* How ex Huang 疏刺两面针

$^+Z.\ khetsoides$ Drake. 大叶臭椒

$^+Z.\ scandens$ Bl.(Z. Cuspidatum Champ)花椒勒

97. Simarubaceae 苦木科

$^+Ailanthus\ altissima$(Wall.)Swingle 臭椿

$^+Brucea\ javanica$(L.)Merr. 鸦胆子

$P^+icrasma\ quassioides$ Benn. 苦木(苦树)

98. Bursersceae 橄榄科

$^+*Canarium\ album$ Raeusch. 橄榄

$^+*C.\ pimela$ Koen. 乌榄

99. Meliaceae 楝科

$^+*Aglaia\ odorata$ Lour. 米仔兰

$^+A.\ tetrapetala$ Pierre 四瓣米仔兰

$Amoora\ dasyclada$(How et T. Chen)C. Y. Wu 粗枝崖摩(红椤)

$*Chukrasia\ tubularis$ A. Juss. 麻楝

$^+*Khaya\ seneglensis$(Desr.)A. Tuss 塞楝

$^+Melia\ azedarach$ L. 苦楝

$*Toona\ ciliata$ Roem. 红楝子

$^+*T.\ sinensis$(A. Juss.)Roem. 香椿

100. Sapindaceae 无患子科

$^+Cardiospermum\ halicacabum$ Linn. 倒地铃

$^+*Dimocarpus\ longan$ Lour. 龙眼

$^+*Litchi\ chinensis$ Sonn. 荔枝

$Mischocarpus\ pentapetalus$(Roxb.)Radlk. 褐叶柄果木

$^+Sapindus\ mukorossi$ Gaertn. 无患子

101. Aceraceae 槭树科

$Acer\ buergerianum$ Miq. 三角枫

$^+A.\ cinnanmomifolius$ Hay. 樟叶槭

$^+A.\ fabri$ Hance 罗浮槭

$^+A.\ fabri$ var. *rubrocarpum* Metc 红果罗浮槭

$A.\ palmatum$ Thunb. 掌叶槭

102. Sabiaceae 清风藤科

$^+$*Meliosma fordii* Hemsl. 罗浮泡花树

M. squamulata Hance. 绿樟

M. rigida Sieb. et Zucc. 笔罗子

Sabia limonacea Wall. var. *ardisioides*（H. et A.）Chen 毛萼清风藤

103. Staphyleaceae 省沽油科

$^+$*Turpinia arguta* Seem. 山香园（两指剑）

$^+$*T. monttana*（Bl.）Kurz. 高地山香园

104. Anacardiaceae 漆树科

$^+$*Choerospondias axillaris*（Roxb.）Butt et Hill 南酸枣

$^+$**Dracontomelon duperreanum* Pierre 人面子

$^+$*Mangifera indica L. 芒果

$^+$*Phlebochiton sinense* Diels. 脉果漆

$^+$*Rhus chinensis* Mill. 盐肤木

$^+$*R. chinensis* Mill. var. *roxburghii*（DC.）Rehcl. 滨盐肤木

$^+$*Toxicodendron sylvestris*（Sieb. et Zucc.）Ktze. 木蜡树

$^+$*T. succedaneneum*（L.）Kuntze 野漆树

105. Connaraceae 牛栓藤科

$^+$*Rourea microphylla*（HK. et Arn.）Planch 红叶藤

R. santaloides W. et Arn. 大叶红叶藤

106. Juglandaceae 胡桃科

Engelhardtia fenzelii Merr. 少叶黄杞（白皮黄杞）

$^+$*E. roxburghiana* Wall. 黄杞

107. Cornaceae 山茱萸科

$^+$*Aucuba chinensis* Benth. 桃叶珊瑚

A. omeiensis Fang 峨眉桃叶珊瑚

108. Alangiceae 八角枫科

$^+$*Alangium chinense*（Lour.）Harms. 八角枫

A. kurzii Craib 毛八角枫

109. Nyssaceae 紫树科

+ * *Camptotheca acuminata* Decne. 喜树

110. Araliaceae 五加科

+ *Acanthopanax trifoliatus* (L.) Merr. 白勒花

+ *Aralia decaisneana* Hance 黄毛楤木

+ *Dendropanax dentiger* (Harms ex Diels) Merr. 树参

+ *D. proteus* (Champ.) Benth. 变叶树参(白半枫荷)

+ *Hedera nepalensis* Roch var. *sinensis* (Tobl.) Rehd. 常春藤

* *Heteropanax fragrans* (Roxb.) Seem. 幌伞枫

+ *Schefflera octophylla* (Lour.) Harms 鹅掌柴(鸭脚木)

* *S. arboricola* Hayata cv. 'Hong Kong *variegata*' 斑叶香港鹅掌柴

111. Umbelliferae 伞形花科

+ *Angelica citriodora* Hance 金鸡爪(香白芷)

+ *Centella asiatica* (L.) Urb. 积雪草(崩大碗)

Eryngium foetidum L. 刺芫荽

+ *Foenicutum vulgare* Mill. 茴香

Hydrocotyla burmanis Kurz. 缅甸天胡荽

H. nepalensis Hook. 红马蹄草

H. sibthorpioides Lam. 天胡荽

H. wilfordi Maxim. 肾叶天湖荽

+ *Oenanthe javanica* DC. 水芹

+ *Pencedanum decursivum* (Mig.) Maxim. 紫花前胡

+ *P. praeruntorum* Dunn. 百花前胡

+ *Pimpinella diversifolia* DC. 异叶茴芹(鹅额脚板)

Sanicula lamilligera Hance 薄片变叶树

112. Clethraceae 山柳科

Clethra cavaieriei Levl. 江南山柳

C. fabri Hance 山柳

113. Ericaeae 杜鹃花科

+ *Enkianthus quingueflors* Lour. 吊钟花

+ *E. serrulatus* (Wils) Schneid 齿叶吊钟花

Gautlheria cumingians Vidal 白珠树

Vaccinium bracteatum Thunb. 南烛

Lyonia ovalifolia（Wall.）Drude var. *elliptica* 小果珍珠花

Rhododendron farrerae Tate. 华丽杜鹃

R. henryi Hance 罗浮杜鹃

R. latoucheae Franch. 岩杜鹃

R. mariae Hance 岭南杜鹃

⁺*R. mariesii* Hemsl. et Wils 满山红

R. ovatum Planch. 马银花

R. pulcherum Sweet. var. *phoenicium*（G. Don.）Reid. 紫杜鹃

⁺*R. simsii* Planch. 杜鹃（映山红）

R. westlandii Hemsl. 六角杜鹃

114. Vaccinaceae 越橘科

Vaccinium bracteatum Thunb. 乌饭树

Vaccinium bracteatum Thunb. var. *chinensis* Chun et Sleum 小杜乌饭树

V. carlesii Dunn. 福建乌饭树

V. iteophyllum Hance 黄背越橘

115. Ebenaceae 柿科

⁺*Diospyros eriantha* Champ. 乌材

⁺*D. kaki* L. f. 柿

⁺*D. morrisiana* Hance. 罗浮柿

⁺*D. tutcheri* Dunn. 岭南柿

116. Sapotaceae 山榄科

⁺*Chrysophyllum lanceolath*（BL.）var. *stellatocarpon*（Van Koyen ex Vink.）X. Y. Chuang 金叶树

Madhuca subquincuncialis Lam. et Kerpel. 紫荆木

⁺*Manilkara zapota（L.）Van Royen. 人心果

Sinosideroxyion wightianum（Hook. et Arn.）Aubr 革叶铁榄

117A. Sarcospermaceae 肉实科

Sarcosperma laurinum（Benth.）Hook. F. 水石梓

118. Myrsinaceae 紫金牛科

Ardisia brevicaulis Diels. 短基紫金牛

⁺*A. brunnescens* Walker 棕紫金牛

⁺*A. chinensis* Benth. 小紫金牛

⁺*A. crenata* Sims. 朱砂根

⁺*A. crispa*（Thunb.）A. DC. 百两金

⁺*A. elegans* Andr. 郎伞树

A. gigantifolia Stapf 走马胎

A. lindleyana D. Dietr. 山血丹

⁺*A. mammillata* Hance. 虎舌红

⁺*A. primulaefolia* Gardn. et Champ. 莲座紫金牛

A. pusilla A. DC. 九节龙

⁺*A. punctata* Lindl. 斑叶朱砂根（斑叶紫金牛）

⁺*A. pusilla* A. DC. 细小紫金牛（九节龙）

⁺*A. quinquegona* BL. 罗伞树

⁺*Embelia laeta*（L.）Mez. 酸藤子

E. oblongifolia Hemsl. 多脉酸藤子（长圆形酸藤子）

⁺*E. parviflors* Wall. 小花酸藤子（当归藤）

⁺*E. ribes* Burm. f. 白花酸藤果

E. ribes Burm. f. var. *pachyphylla* Chun ex Wu et Chen 厚叶酸藤子

⁺*E. rudis* Hand. - Mazz. 网脉酸藤子

⁺*Maesa japonica*（Thunb）Moritzi. 杜茎山

⁺*M. perlarius*（Lour）Merr. 鲫鱼胆

⁺*M. salicifolia* Walker. 柳叶空心花（柳叶杜基山）

Rapanea affinis（A. DC.）Mez. 拟密花树

⁺*R. neriifolia*（S. et Z.）Mez. 密花树

R. lineris（Lour.）Moore 打铁树

119. Styraceae 安息香科

Alniphyllum fortunei（Hemsl.）Makino 赤杨叶

Styrax confusus Hemsl. 赛山梅（白扣子）

S. faberi Perk. 白花龙

⁺*S. suberifolius* Hook. et Arn. 红皮树

S. serrutatus Roxb. 齿叶安息香

120. Symplocaceae 山矾科（灰木科）

⁺*Symploces chinensis*（Lour.）Druce. 华山矾

S. caudata Wall. 光萼山矾

⁺*S. congesta* Benth. 密花山矾

S. groffii Merr. 毛山矾

⁺*S. lancifolia* Sieb. et Zuce. 光叶山矾

S. lancilimba Merr. 披针叶山矾

S. laurina（Retz）Wall. 月桂山矾（黄牛奶树）

＊*S. stellaris* Brand 老鼠矢

121. Loganiaceae 马钱科

⁺*Buddleja asiatica* Lour. 狭叶醉鱼草（驳骨丹）

⁺*Gelsemium elegans*（Gardn. et Champ.）Benth. 大茶药（葫蔓藤、钩吻）

Mitrasacme indica Wight. 妈苗

⁺*Strychnos cathayensis* Merr. 三脉马钱

122. Oleaceae 木犀科

⁺*Jasminum ampoexicaule* Buch.‑Ham. 扭肚藤

⁺*J. lanceolarium* Roxb. 壮青香藤（光青香藤）

⁺*J. pentanedrum* Hand.‑Mazz. 厚叶素馨

⁺*J. sambac*（L.）Ait. 茉莉花

J. sinensis Hamsl. 华素馨

Ligustrum japonicum Thunb. 日本女贞（长序女贞）

⁺*L. obovatilimbum* Miao 倒卵叶女贞

⁺*L. sinense* Lour. 山指甲

L. sinense Lour. var. *myrianthum*（Diels.）Hoefk. 蜡树

L. sinense Lour. var. *nitidum* Rehd. 亮叶小蜡树

⁺＊*Osmanthus fragrans* Lour. 桂花

⁺*O. matsumuranus* Hayata. 牛矢果

123. Apocynaceae 夹竹桃科

＊*Allamanda neriirolia* Hook. 黄蝉

Alstonia scholaris（L.）R. Br. 糖胶树（面条树）

Alyxia sinensis Champ. et Benth 念珠藤

Anodendron affine（Hook. et Arn.）Druce 蟢藤

⁺＊*Catharanthus roseus*（L.）G. pon 长春花

⁺*C. roseus*（L.）G. Don. CV. albus Lawrence 白花长春花

⁺*Chonemorpha erostylis* Pitard 鹿角藤

⁺*Ecdysanthera rosea* Hook. et Arn. 酸叶胶藤

⁺＊*Ervatamia divaricata*（L.）Burk 狗牙花

$^+$*Ichnocarpus frutesoens*（L.）W. T. Aiton 腰骨藤

$^+$*Melodinus fusirormis* Champ. ex Senth. 尖山橙

$^+$﹡*M. suaveolens* Champ. ex Benth. 山橙

$^+$﹡*Nerium indicum* Mill. 夹竹桃

$^+$﹡*Plumeria rubra* L. cv. acutifolia 鸡蛋花

$^+$*Rauvolfia verticillata*（Lour.）Bail. 箩芙木

$^+$*Strophanthus divaricatus*（Lour.）Hook. et Arn. 羊角扭

$^+$*Trachelospermum jasminoides*（Lindl.）Lem. 络石

$^+$*Wrightia laevis* Hook. f. 尖叶倒吊笔（蓝树）

$^+$*W. pubescens* R. Br. 倒吊笔

124. Periplocaceae 杠柳科

$^+$*Cryptolepis sinensis*（Lour.）Merr. 白叶藤

125. Asclepiadaceae 箩摩科

$^+$*Asclepias curassavica* L. 马利筋

$^+$*Cynanchum auriculatum* Royle ex Wigh. 牛皮消

C. corymbosum Wight. 刺瓜

Dischidia chinensis Champ. ex Benth. 抱树莲（瓜子金）

$^+$*Gymmena inodorum*（Lour.）Decne. 广东匙羹藤

$^+$*G. sylvestre*（Retz.）Sohult. 匙羹藤

Marsdenia globifera Tsiang 球花牛奶菜

$^+$*M. tinctoria* P. Br 蓝叶藤

$^+$*Tylophora atrofolliculata* M. etc. 毛果娃儿藤（三分丹）

$^+$*T. floribunda* Miq. 多花娃儿藤（七层楼）

126. Rubiaceae 茜草科

$^+$*Adina pilulifera*（Lam.）Fr. 水团花

A. acuminatissima（Merr.）Masam. 多花茜草树

Aidia canthioides（Champ. ex Benth.）Masam 香楠

Aidia cochinchinensis Lour. 茜树

Antirhea chinensis（Champ.）Benth. et Hook. 毛茶

Anthocephalus chinensis（Lam.）Rich. ex Walp. 黄梁木

﹡*Borreria latifolia*（Aubl.）K. Schum. 阔叶丰花草

Canthium dicoccum（Gaertn.）Merr. 鱼骨木（铁屎木）

$^+$*C. haridum* Bl. 猪肚木

C. *simile* Merr. 大叶鱼骨木

Catunaregam spinosa（Thunb.）Tirveng. 山石榴

⁺*Gardenia jasminoides* Ellis 栀子

⁺*Geophila herbacea* Ktze. 爱地草

Hedyotis acutangula Champ. ex Benth. 金草

⁺*H. auricularia* Linn. 耳草

⁺*H. corymbosa*（L.）Lam. 伞房花耳草

⁺*H. diffusa* Willd. 白花蛇舌草

⁺*H. fenelliflora* Bl. 纤毛耳草

⁺*H. hainanensis*（Chun）Ko 海南耳草

⁺*H. hedyotidea* DC. 牛白藤

⁺*H. hispida* Retz. 粗叶耳草

⁺*H. lancea* Thunb. 剑叶耳草

⁺*H. minutipuberula* Merr. et Metc. 粉毛耳草

H. tetrangularia Korth. 方茎耳草

⁺*Ixora chinensis* Lam. 龙船花

⁺*Lasianthus chinensis* Benth. 粗叶木

L. fordii Hance 罗浮粗叶木

L. hartii Franch. 福建粗叶木

L. kwangtungensis Merr. 广东粗叶木

L. lancilimbus Merr. 榄缘粗叶木

L. trichophlebus Hemsl. 钟萼粗叶木

L. wallichii Wight. 斜茎粗叶木

Morinda cochinchinensis DC. 大果巴戟

⁺*M. officinalis* How. 巴戟天

⁺*M. parvifolia* Bartl. 鸡眼藤

⁺*M. umbellata* L. 羊角藤

Mussaenda parryodus Fissch. 拍力玉叶金花

⁺*M. pubescens* Ait. f. 玉叶金花

⁺*Mycetia anoisosepala* How 罗浮腺萼木

⁺*Ophiorrhiza cantoniensis* Hance 广东蛇根草

O. japanica Bl. 日本蛇根草

⁺*O. pumila* Champ. ex Benth. 短小蛇根草

⁺*Paederia acandens*（Lour.）Merr. 鸡屎藤

⁺*P. scandens*（Lour.）Merr. var. *tomentosa*（Bl.）H.-M. 毛鸡屎藤

⁺*Pavetta hongkongensis* Brem. 广东大沙叶

⁺*Psychotria rubra*（Lour.）Poir. 九节

⁺*P. serpens* L. 蔓九节

Rubia cordifola L. 茜草

⁺*Serissa serissoides*（DC.）Druce 白骨马

⁺*Tarenna mollissima*（Hook. et Arn.）Robins 密毛鸟口树（毛达仑木）

⁺*Thysanospermum diffusum* Champ. 流苏子

Tricalysia dubia（Lindl.）Ohwi 狗骨柴

⁺*Uncaria macrophylla* Wall. 大叶钩藤

⁺*Wendlandia uvariifolia* Hance 水锦树

127. Caprifoliaceae 忍冬科

⁺*Lonicera confusa* DC. 山银花

⁺*L. macrantha* DC. 大花忍冬

L. revolura Hsu et H. J. Hwang 外卷忍冬

⁺*L. reticulata* Champ. 皱叶忍冬

⁺*Sambucus chinensis* Lindl. 接骨草

Viburnum fordiae Hance 南方荚迷

V. hanceanum Maxim. 蝶花荚迷

⁺*V. lutescens* Bl. 黄荚迷

⁺*V. odoratissimum* Ker－Gawl. 珊瑚树

⁺*V. sempervirens* K. Koch 坚荚树（常绿荚迷）

128. Valerianaceae 败酱科

Patrinia scabiosaefolia Fisch 苦斋菜（黄花龙牙）

⁺*P. villosa*（Thunb.）Juss. 白花败酱

129. Compositae 菊科

⁺*Adenostemma lavenia*（L.）O. Ktze. 下田菊

⁺*Ageratum conyzoides* L. 胜红蓟

⁺*A. houstonianum* Mill. 熊耳草

⁺*Ainsiaea fragrans* Champ. 杏香兔耳风

⁺*A. gracilis* Franch. 纤细兔耳风

⁺*A. walkeri* HK. f. 狭叶兔耳风

⁺*Anisopappus chinensis* Hook et Arn. 山黄菊

⁺*Artemisia annua* L. 黄花蒿

⁺*A. apiacea* Hance 青蒿

⁺*A. japonica* Thunb. 牡蒿

⁺*A. lactiflora* Wall. 广东刘寄奴（白花蒿）

⁺*A. vulgaris* L. 野艾

⁺*Aster ageratoides* Turcz. 三折脉紫菀

A. panduratus Nees ex Walp. 琴叶紫菀

⁺*Bidens bipinnata* L. 鬼针草

⁺*B. pilosa* L. 三叶鬼针草

⁺*Blumea balsamifera*（L.）DC. 冰片艾（艾纳香）

⁺*B. hieracifolia*（D. Don.）DC. 毛毡草

⁺*B. lanceolaria*（Roxb.）Druce. 大叶艾纳香

⁺*B. lancinita*（Roxb.）DC. 六耳铃

⁺*B. megacephala*（Rand）Chang et Tseng 东风草（大头艾纳香）

⁺*B. membranacea* DC. 长柄艾纳香

⁺*Calendula arvensis* L. 金盏花

⁺*Centipeda minima*（L.）A. Br. et Aschers. 石胡荽（鹅不食草）

⁺*Cirsium japonicum* DC. 大蓟

⁺*Conyz bonariensis* Crong. 香丝草

C. canadensis（Linn.）Cronq. 加拿大蓬（小白酒草、小飞蓬）

⁺*Dendranthema indicum*（L.）Des. Moul. 野菊

⁺**D. morifolium*（Ramat.）Tzvel. 菊花

⁺*Dichrocephala auriculata*（Thunb）Druce 鱼眼草

⁺*Doellingeria scaber*（Thunb）Druce 东风菜

⁺*Eclipta prostrata* L. 旱莲草（鲤肠）

⁺*Elephantopus scaber* L. 地胆草

⁺*E. tomentosus* L. 白花地胆草

⁺*Emilia prenanthoides* DC. 小叶一点红（耳挖草）

⁺*E. sonchifolia* DC. 一点红

⁺*Epaltes australis* Less. 鹅不食草

⁺*Eupatorium chinense* L. 华泽兰

⁺*Farfugium japonicum*（L.）Kitam. 大吴风草

⁺*Gerbera piloselloides* Cass. 毛大丁草

Gnaphalium japonicum Thunb 白背鼠掬草

⁺*G. affine* D. Don. 鼠掬草

⁺*G. indicum* L. 狭叶鼠掬草

⁺*Gynura bicolor*（Willd.）DC. 红背三七

⁺*G. crepidioides* Benth. 革命菜

G. proctmbens（Lour.）Merr. 蔓漆草（见肿消）

G. segetum（Lour.）Merr. 菊叶漆草

^+^*Hemistepta lyrata* Bunge 泥湖菜

^+^*Inula cappa*（Buch.-Ham.）DC. 白牛胆（山白芷）

^+^*Ixeris gracilis*（DC.）Stobbing 纤细苦荬菜

^+^*Kalimeris nidica*（L.）Sch-Bep. 鸡儿肠

^+^*Lactuca diversifolia* Vant. 异叶莴苣

^+^*L. sororia* Miq. 堆莴苣

^+^*Laggera alata*（Roxb.）Schtz-Bio. 六棱菊（臭灵丹）

L. igularia japonica（Thunb.）Lees 大头囊吾

^+^*Microglossa pyrifolia*（Lam.）O. Ktze. 小舌菊

^+^*Mikania micarantha* H. B. et Kunth 薇甘菊

Pertya pubescens Ling 腺叶帚菊

P. sinensis Oliv. 化帚菊

^+^*Senecio scandens* Buch.-Ham. 千里光

Siegesbeckia orientalis L. 虾钳草

^+^*Solidago decurrens* Luor. 一枝黄花

^+^*Sonchus arbensis* Linn. 野苦荬

^+^*Spilanthes acmella*（L.）Merr. 天文草（金纽扣）

^+^*﹡Tagetes erecta* L. 万寿菊

^+^*T. patula* L. 藤菊

Tithonia diversifolia A. Gray 肿柄菊

^+^*Vernonia cinerea*（L.）Less. 夜香牛

V. cumingiana Benth.（V. andersonii Clarke.）细脉斑鸠菊

^+^*V. patula*（Ait.）Merr. 粗叶斑鸠菊（咸虾花）

^+^*V. solanifolia* Benth. 斑鸠菊

^+^*﹡Wedelia chinensis* Merr. 澎蜞菊

^+^*W. prostrata* Hemsl. 卤地草

^+^*Youngia japonica* DC. 黄鹌菜

130. Gentianaceae 龙胆科

^+^*Gentiana davidi* Franch. 五岭龙胆

^+^*G. loureirii*（D. Don）Griseb. 华南龙胆

^+^*Tripterospermum affine*（Wall.）H. Sm.（Crawfurdia fosciculata Wall.）双蝴蝶

131. Menynanthaceae 荇菜科

Nymphoides indica（L.）O. Kuntze. 金银莲花

132. Primulaceae 报春花科

^+^*Lysimachia candida* Linn. 泽珍珠菜

⁺*L. congestiflora* Hemsl. 聚花过路黄（临时救）

⁺*L. fortunei* Maxim. 星宿菜

L. sikokicana Miq. 排草

133. Plumbaginaceae 蓝雪科

⁺*Plumbago zeylanica* L. 白花丹

134. Plantaginaceae 车前草科

⁺*Plantago asiatica* L. 车前

⁺*P. major* Linn. 车前草

135. Campanulaceae 桔梗科

⁺*Campanumoea javanica* Bl. 土党参（金钱豹）

⁺*Codonopsis lanceolata*（S. et Z.）Benth. et HK. f. 羊乳（四叶参）

⁺*C. pilosula*（Franch.）Kannf. 党参

136. Lobeliaceae 半边莲科

⁺*Lobelia chinensis* Lour. 半边莲

L. zeylanica L. 卵叶半边莲（疏毛半边莲）

⁺*Pratia nummularis*（Lam）A. Br et Aschers. 铜锤玉带草

137. Boraginaceae 紫草科

Bothriospermum tenellum（Hornem）Fisch. et Mey. 柔弱斑种草

⁺*Cordia dichotoma* Forst. f. 破布木

Carmana microphylla（Lam.）G. Don. 基及树（福建茶）

Ehretia acuminata R. Rr. var. *obovata*（Lindl.）Jonns 大岗茶

E. thyrsiflora（S. et Z.）Nakai 厚壳树

⁺*Heliotropium indicum* L. 大尾摇

138. Solanaceae 茄科

⁺﹡*Cestrum nocturnum* L. 夜香树

⁺*Datura metel* L. 白花蔓驼萝

⁺*Lycianthes biflora*（Lour.）Bitt. 十萼茄（红丝线）

⁺﹡*Lycium chinense* Mill. 枸杞

⁺﹡*Nicotiana tabacum* L. 烟草

⁺*Physalis angulata* L. 苦职

P. minima L. 小酸浆果

⁺*Solanum indicum* L. 紫花茄(刺天茄)

⁺*S. lyratum* Thanb. 白英

⁺*S. nigrum* Linn. 龙葵

⁺*S. photeinocarpum* Nakam. et Odash. 少花龙葵

⁺*S. surattense* Burm. f. 颠茄

⁺*S. torvum* Sw. 水茄

⁺*S. verbscifolius* Linn. 假烟叶树

139. Convolvulaceae 旋花科

⁺*Argyreia acuta* Lour. 白鹤藤

⁺*A. obtusifolia* Lour. 银背藤(黄毛白鹤藤)

⁺*Cuscuta chinensis* Lam. 菟丝子

⁺*C. japonica* Choisy 日本菟丝子

⁺*Erycibe obtusifolia* Benth. 丁公藤

⁺﹡*Ipomoea aquatica* Forest. 蕹菜

⁺﹡*I. Batatas*(L.)Lam. 番薯

⁺*I. Cairica*(L.)Sweet. 五爪金龙

I. Digitata L. 七爪龙

I. staphylina Poem. et Schult. 海南渚

⁺*Jacquenontia paniculata*(Burm. f.)Hallier. f. 小牵牛

⁺*Merremia boisiana*(Gagnep.)Oststr. 多花山猪菜

⁺*M. hederacea*(Burm. f.)Hallier. f. 小花山猪菜

⁺*M. umbellata*(L.)Hallier. f. ssp. *orientalis*(Hallier. f.)Hallier. f. 山猪菜

Porana spectabilis Kurz. var. *megalantha*(Merr.)How 大花美翼萼藤

Quamoclit pennata(Lam.)Bojer 茑萝

140. Scrophulariaceae 玄参科

⁺*Adenosma glutinosum*(L.)Druce. 毛麝香

⁺*A. indianum*(Lour.)Merr. 球花毛麝香

Buchnera cruciata Buch.–Ham. 鬼羽箭

Centranthera tranquebarica(Spreng)Merr. 矮胡麻草

⁺*Limnophila aromatica*(Lam.)Merr. 紫苏草

L. rugosa(Roth.)Merr. 大叶石龙尾

L. antipoda(L.)Alston 泥花草

L. ciliata(Colsm.)Pennell. 刺齿泥花草

$^+$*Lindernia anagallis*（Burm. f.）Penn. 长蒴母草

$^+$*L. crustacea*（L.）F. Muell. 母草

$^+$*L. ruellioides*（Colsm.）Penn. 旱田草

$^+$*Mazus japonicus*（Thunb.）O. Kuntze. 通泉草

$^+$*Paulownia fortunei*（Seem.）Hemsl. 泡桐

$^+$*Scoparia dulcis* L. 野甘草

$^+$*Striga asiatica*（L.）O. Kuntze 独脚金

$^+$*Torenia flava* Buch.-Ham. ex Benth. 黄花蝴蝶草（黄花蓝猪耳）

$^+$*T. fordii* Hook. f. 紫斑翼萼

141. Orobanchaceae 列当科

$^+$*Aeginetia indica* Linn. 野菰

142. Lentibulariaceae 狸藻科

Utricularia aurea Lour. 黄花狸藻

U. bifida L. 耳挖草

143. Gesneriaceae 苦苣苔科

Bournea sinensis Oliv. 四数苣苔

$^+$*Chirita eberneus* Hance. 牛耳朵

C. swinglei（Merr.）Wang 钟冠唇柱苣苔

$^+$*Didymocarpus anachonetus*（Hance）Levl. 深隐长蒴苣苔

Oreocharis auricula（S. Moore）Clarke 长瓣马铃苣苔

O. primuloides Benth. et HK. f. 岩白菜

$^+$*O. bethami* Clarke. 大叶石上莲

$^+$*Rhynchotechum obovatum*（Griff.）B. L. Burtt 线柱苣苔

144. Bignoniaceae 紫葳科

**Dolichandrone ecauda-felina*（Hance.）Benth. et Hook. f. 猫尾木

$^+$**Pyostegia venusta*（Ker）Miers 炮仗花

$^+$*Radermachera sinica*（Hance.）Hemsl. 菜豆树

145. Acanthaceae 爵床科

$^+$*Andrographis paniculata*（Burm. f.）Nees. 穿心莲（榄核莲）

$^+$*Adhatoda vasica* Nees. 鸭嘴花

$^+$*Barleria cristata* L. 假杜鹃（兰花草）

⁺*Dicliptera chinensis*（L.）Nees. 狗肝菜

Dipterracanthus repens（Linn.）Hassk 楠草

⁺*Eranthemum nervosum* R. Br. 可爱花

⁺*Gendarussa ventricosa*（Wall.）Nees. 大驳骨（黑叶接骨草）

⁺*G. vulgaris* Nees. 小驳骨（驳骨丹，接骨草）

⁺*Hygrophila salicifolia*（Vahl）Nees. 水蓑衣

⁺*Lepidagathis incurva* Don 鳞花草

⁺*Rostellularia procumbens*（L.）Nees. 爵床

⁺*Rhinacanthus nasutus*（L.）Lindau 白鹤灵芝

⁺*Rungia pectinata*（L.）Nees. 孩儿草

⁺*Thunbergia grandiflora*（Roxb ex Rottl.）Roxb. 大花老鸭嘴

146. Verbenaceae 马鞭草科

Callicarpa brevipes（Bth.）Hance 短柄紫珠

⁺*C. dichotoma*（Lour.）K. Koch. 白棠子树

C. kochiana Makino（C. loureiri HK. et Arn.）裂萼紫珠

⁺*C. macrophylla* Vahl. 大叶紫珠

⁺*C. oligantha* Merr. 罗浮紫珠

⁺*C. pedunculata* R. Br. 杜虹花

C. tingwuensis Chang 鼎湖紫珠

⁺*C. rubella* Lindl. 红紫珠

⁺*C. rubella* Lindl. f. *angustata* P'ei 狭叶红紫珠

⁺*C. rubella* Lindl. f. *crenata* P'ei 钝齿红紫珠

Clerodendron canescens Wall. ex Schauer 灰毛大青

⁺*C. cyrtophyllum* Turcz. 大青

⁺*C. fortunatum* L. 鬼灯笼

⁺*C. fragrans* Vent. 臭茉莉

⁺*C. inerme* Gaertn. 假茉莉

⁺*C. japonicum*（Thunb.）Sweet. 桢桐

⁺*C. petasites*（Lour）Moore. 白花鬼灯笼

C. philippinum Schau. 重瓣臭茉莉

⁺*Duranta repens* L. 假连翘

⁺*Lantana camara* L. 马缨丹

⁺*Premna maclurei* Merr. 弯毛臭茉莉

⁺*Stachytarpheta jamaicensis*（L.）Vahl. 假马鞭（假败酱）

⁺*Tectona grandis Linn. f. 柚木

⁺*Verbena officinalis* L. 马鞭草

⁺*Vitex negundo* L. 黄荆

⁺*V. quinata*（Lour.）Will. 山牡荆

V. sampsoni Hance. 小叶布荆

⁺*V. trifolia* Linn. 蔓荆

147. Labiatae 唇形科

⁺*Ajuga decumbens* Thunb. 筋骨草

⁺*Clinopodium chinense*（Bth.）O. Ktze.（*Calamintha chinensis* Benth.）风轮菜

⁺*C. gracile*（Benth.）Matsum. 剪刀草（瘦风轮菜）

⁺*C. muticaule*（Maxim.）Kuntze 瘦风轮菜

⁺*Dysophylla auricularia* Bl. 毛水珍珠菜

⁺*D. sampsonii* Hance 斑叶水虎尾

⁺*D. stellata*（Lour.）Benth. 水虎尾

* *Elsholtzia splendens* Nakai ex F. Maek. 海州香薷

⁺*Epimeredi indica*（L.）Rothm. 广防风（落马衣）

⁺*Glechoma longituba*（Nakai）Eupr. 透骨消（连线草）

⁺*Gomphostemma chinensis* Oliv. 中华锥花（茎花锥花）

⁺*Hyptis suaveolens* Poir 山香

⁺*Leonurus heterophyllus* Sweet. 益母草

Microtoena insuavis（Hance.）Prain ex Dunm. 冠唇花

⁺*Mosla dianthera*（Buch.-Ham.）Max. 石荠宁（小鱼仙草）

⁺*M. lunceolatum*（Benth.）Kudo. 长叶石荠宁

⁺*M. scabra*（Thunb.）C. Y. Wu et H. W. L. 石荠宁

Ocimum basilicum Linn 罗勒（千层塔、金不换）

⁺*Perilla frutescens*（L.）Britton 白苏

⁺*Pogostemon auricularius* Hassk. 水珍珠菜

⁺*P. cablin*（Blanco）Benth. 广藿香

⁺*Prunella vulgaris* Linn. 夏枯草

⁺*Rabdosia amethystoides* Benth. 香茶菜

R. lophanthoides（Hainilt. ex Don）Hara. 线纹香茶菜

⁺*R. serra*（Maxim.）Hara. 溪黄草

Salvia cavaleriei Lerr. 贵州鼠尾草

⁺*S. japonica* Thunb. 鼠尾草

⁺*S. miltiorrhiza* Bunge 丹参

⁺*Scutellaria barbata* D. DC. 半枝莲（狭叶韩信草）

⁺*S. indica* L. 韩信草

⁺*S. indica* Linn. var. *elliptica* Sim. 椭圆韩信草

+*Stachys geobombysis* C. Y. Wu 地蚕

+*Teucrium viscidum* Bl. 血见愁(肺形草)

(二) Monocotyledoneae 单子叶植物纲

148. Commelinaceae 鸭跖草科

Commelina benghalensis Linn. 饭苞草

+*C. communis* L. 鸭跖草

+*C. paludosa* Bl. 大苞鸭跖草

+*cyanotis arachnoidea* Clarke. 蛛毛蓝耳草

+*Floscopa scandens* Lour. 聚花草

+*Murdannia bracteata*（Clarke）Ktze. 大苞水竹叶

+*M. nudiflora*(L.) Brenan 裸花水竹叶

M. triquetra（Wall）Brucke. 水竹叶

+*Zebrina pendula* Schnizl. 水竹草

149. Eriocaulaceae 谷精草科

+*Eriocaulon wallichianum* Mart.（E. Sexangulare Linn.，E. kwangtungense Ruhl.）华南谷精草

150. Bromeliceae 凤梨科

* *Ananas comosus*（L.）Merr. 菠萝

* *Billbergia pyramidlis* Lindle. 水塔花

151. Musaceae 芭蕉科

+*Musa coccinea* Andr. 红蕉

+*M. Balbisiana* Colla 山芭蕉

Musa×sapientum Linn.（Musa paradisiaca Linn. Subsp. sapientum）大蕉(芭蕉)

152. Zingiberaceae 姜科

+*Alpinia chinensis*（Retz.）Rose. 华山姜

+*A. Galanga*（L.）Willd. 红豆蔻(大高良姜)

+*A. Japonica*（Thb.）Miq. 山姜

+*A. katsumadai* Hayata（A. hainanensis K. Schum.）草蔻(艳山姜)

A. sanderae Sund. 花叶姜

+*A. officinarum* Hance. 高良姜

⁺ *A. oxyphylla* Miq. 益智

⁺ *A. speciosa* K. Schum. 大草蔻

⁺ *A. zerumbert* (Pers.) Burtt. et Smith. 艳山姜

⁺ *Amomum villosum* Lour. 阳春砂仁

⁺ *Costus speciosus* (Koenig) Smith. 闭鞘姜（广东商陆）

⁺ * *Hedychium coronarium* Koen. 姜花

⁺ *Stahlianthus involucratus* (King ex Baker) Craib. 姜三七（土田七）

⁺ * *Zingiber officinale* Rose. 姜

⁺ *Z. zerumber* (L.) Smith. 红球姜

153. Cannaceae 美人蕉科

⁺ * *Canna generalis* Bailley 大花美人蕉

⁺ * *C. indica* L. 美人蕉

154. Marantaceae 竹芋科

⁺ *Phrynium capitatum* Willd. 柊叶

⁺ *P. placentarium* (Lour.) Merr. 尖苞柊叶

155. Liliaceae 百合科

⁺ * *Aloe vera* L. var. *chinensis* (Haw.) Berg. 芦荟

⁺ *Asparagus cochinchinensis* (Lour.) Merr. 天门冬

⁺ *Aspidistra elatior* Blume. 蜘蛛抱蛋

⁺ *Dianella ensifolia* (L.) DC. 山菅兰

⁺ *Disporum leschenaulfianum* D. Don 阔叶万寿竹

D. sessile (Thunb.) D. Don. 竹叶消（宝锋草）

⁺ *Hemerocallis fulva* L. 萱草（黄花菜）

⁺ *Lilium brownii* R. E. Br. ex Miell. 淡紫百合

⁺ *L. longiflorum* Thunb. 麝香百合

⁺ *Liriope graminifolia* (L.) Barker 禾叶麦门冬

⁺ *L. spicata* Lour. 麦门冬（土麦冬）

⁺ *Ophiopogon platyphllus* Merr. et Chun 阔叶沿阶草

⁺ *O. stenophyllus* (Merr.) Rodr. 狭叶沿阶草

⁺ *Peliosanthes macrostegia* Hance 大叶球子草

Polygonatum cyrtonema Hua 多花黄精

Scilla scilloides (Lindl.) Druce (*S. sinensis* (Lour.) Merr.) 绵枣儿

156. Trilliaceae 延龄草科

+ *Paris polyphylla* Sm. 七叶一枝花

157. Pontederiaceae 雨久花科

+ *Eichhornia crassipes* Solms 凤眼蓝
+ *Monochoria vaginalis*（Burm. F.）Presl ex Kunth 鸭舌草
+ *M. vaginalis* Presl var. *pauciflora*（Bl.）Merr. 少花鸭舌草

158. Smilacaceae 菝葜科

+ *Heterosmilax gaudichaudiana*（Kunth.）A. DC. 肖菝葜
+ *Smilax china* L. 菝葜
+ *S. glabra* Roxb. 土茯苓
+ *S. lanceaefolia* Roxb. var. *opaca* A. DC. 暗色菝葜
+ *S. riparia* A. DC. 牛尾菜

159. Araceae 天南星科

+ *Acorus calamus* L. 菖蒲
+ *A. gramineus* Solana. 石菖蒲
+ *Aglaonema modestum* Schott 粤万年青
+ *Alocasia macrorrhiza*（L.）Schott 海芋
+ *Amorphophallus dunnii* Tutch. 蛇枪头
+ *A. rivieri* Durien. 魔芋
+ * *Caladium bicolor*（Ait.）Vent 五彩芋
+ * *Colocasiae sculenta*（L.）Schott. 芋
+ *Epipremnum pinnatum*（L.）Engl. 麒麟尾
+ * *Monstera deliciosa* Liebm. 龟背竹
+ *Pinellia ternata*（Thunb.）Breit. 半夏
+ *Pistia stratiotes* L. 水浮莲
+ *Pothos chinensis*（Raf.）Merr. 石蒲藤(石柑子)
+ *P. repens*（Lour.）Druce 蜈蚣藤(百足藤)
+ *Rhaphidophora hongkongensis* Schott 狮子尾
+ *R. decursiva*（Roxb.）Scoott 羽叶崖角藤
+ *Typhonium divaricatum* Decne. 犁头尖

160. Lemnaceae 浮萍科

+ *Spirodela polyrrhiza*（L.）Schleiden 紫萍

161. Sparganiaceae 黑三棱科

Sparganium simplex Hudson 黑三棱

162. Amaryllidaceae 石蒜科

+ * *Allium fistulosum* L. 葱
+ * *A. sativum* L. 蒜
+ *A. tuberosum* Rottler ex spreng 韭菜
+ *Crinum asiaticum* L. var. *sinicum* Baker 文殊兰
+ *Lycoris aurea* Herb. 黄花石蒜（忽地笑）
+ *L. radiata* Herb. 石蒜
+ * *Zephyranthes grandiflora* Lindl. 风雨花

163. Iridaceae 鸢尾科

+ *Belamcanda chinensis* (L.) DC. 射干
+ * *Eleutherine plicata* Herb. (E. americana Merr.) 红葱
+ *Gladiolus gandavensis* van Houtte 剑兰
Iris speculatrix Hance 小花鸢尾

164. Stemonaceae (Roxburghiaceae) 百部科

+ *Stemona tuberosa* Lour. 对叶百部

165. Dioscoreaceae 薯蓣科

+ *Dioscorea batatas* Decne 薯蓣
+ *D. bulbifera* L. 黄独（零余薯）
+ *D. cirrhosa* Lour. 薯莨
+ *D. fordii* Pruin et Burkill. 山薯
+ *D. hispida* Dennst. 白薯莨
+ *D. pentaphylla* L. 五叶薯
+ *D. persimilis* Prain et Burk. 褐苞薯蓣

166. Agavaceae 龙舌兰科

+ * *Cordyline fruticosa* (L.) Cheval. 朱蕉
+ * *Sansevieria trifasciata* Prain 虎尾兰

167. Palmae 棕榈科

+ * *Archontophoenix alexandrae* Wend. et Drude 假槟榔

Calamus rhabdocladus Burret 华南省藤

C. thysanolepis Hance 毛鳞省藤

⁺*Caryota ochlandra* Hance 鱼尾葵

Daemonorops margaritae（Hance）Becc. 黄藤

Didymosperma caudatum（Lour.）Wendl. et Drude 大幅棕

Licuala fordiana Becc. 穗花轴榈

⁺*Livistona chinensis* R. Br. 蒲葵

⁺*Phoenix dactylifera* L. 海枣

Ph. reclinata Jacq. 小针葵

⁺*Phapis excelsa*（Thunb.）Henry ex Rehd. 棕竹

P. gracillis Burret 细棕竹

168. Pandanaceae 露兜树科

⁺*Pandanus austrosinensis* T. L. Wu. 露兜草

⁺*P. tectorius* Sol. 路兜

169. Hypoxidaceae 仙茅科

⁺*Curculigo capitulata*（Lour.）Ktze. 大叶仙茅

C. orchioides Gaertn. 仙茅

170. Philydraceae 田葱科

⁺*Philydrum lanuginosum* Banks. et sol. ex Gaertn. 田葱

171. Orchidaceae 兰科

⁺*Arundina chinensis* Bl. 竹叶兰

Anoectochilus roxburghii（Wall.）Lindl. 花叶开唇兰（金线兰）

⁺*Bletilla striata*（Thunb.）Reichb. f. 白及

Bulbophyllum trichocephalum（Schltr.）Tang et Wang 毛头石豆兰

Cephalantheropsis gracilis（Lindl.）S. Y. Hu 泡唇兰（细葶虾脊兰）

⁺*Cymbidium ensifolium*（L.）Swartz. 建兰

⁺*C. pendulum*（Roxb.）Sw. 硬叶吊兰

⁺*Dendrobium aduncum* Lindl. ex Wall. 钩状石斛

⁺*D. nobile* Lindl. 石斛

⁺*Goodyera procera* Hook. 高斑叶兰

G. kwangtangensis Jso. 金边兰

Habenaria rhodocheila Hance 红人兰（红唇露兰，橙黄玉凤花）

Ludisi discolor（Gawl.）Rich 血叶兰（石上蟹）

⁺*Lipasia longipes* Lindl. 长茎羊耳蒜

Liparis nervosa Lindl. 显脉羊耳兰

Malaxis latifolia Smith. 阔叶沼兰

Peristylus chloranthus Lindl. 绿花阔蕊兰

⁺*Platanthera minor* Reihb. f. 小长距兰

Phaius tankervilleae（Banks ex L'Herit.）Bl. 鹤顶兰

⁺*Pholidota chinensis* Lindl. 石仙桃

Spathoglottis pubescens Lindl. 苞舌兰

Spiranthes australis（R. Br.）Lindl. 盘龙参

⁺*S. lancea*（Thunb.）Backer. Bakh. f. et V. Steenis（*S. sinensis*（Pers.）Amers.）绶草

Tainia latifolia（Lindl.）Rchb. f. 阔叶带唇兰

172. Cyperaceae 莎草科

Bulbostylis barbata（Rotrb.）Clarke 球柱草

⁺*Carex cruciata* Vahl. 十字苔草

C. cryptostachys Brongn. 茅叶苔草

C. maculata Boott 红苞苔

C. nemotachys Steud. 线穗苔草

C. scaposa Claske 花茎苔草（大叶苔草）

Cyperus alternifolius L. ssp. *flabelliformis*（Rottb.）Kuk. 风车草

⁺*C. iria* Linn. 碎米莎草

C. naspan Linn. 畦畔莎草

⁺*C. rotundus* L. 莎草（香附子）

Fimbristylis annua（All.）Roem. et Schult. 飘拂草

⁺*F. dichotoma*（L.）Vahl. 两歧飘拂草

F. eragrostis（Nees）Hce. 知凤飘拂草

F. miliacea（L.）Vahl. 水虱草

F. schoenoides（Retz.）Vahl. 少穗飘拂草

Gahnia baniensis Benth. 散穗黑莎草

G. tristis Nees 黑莎草

Hypolytrum nemorum（Vahl）Spreng. 割鸡芒

⁺*Kyllinga brevifolia* Rottb. 水蜈蚣

⁺*K. monocephala* Rottb. 单穗水蜈蚣

Lepidosperma chinensis Nees ex Mey 鳞籽莎

⁺*Lipocarpha microcephala*（R. Br.）Kunlh. 湖瓜草

Mapania dolichopoda Wang et Tang 长秆擂鼓苏

⁺*Mariscus umbellatus* Vahl. 砖子苗

⁺*Rhynchospora rubra*（Lour.）Makino 刺子莞

⁺*Scirpus juncoides* Roxb. 萤蔺

S. erctus Poir. 直立席草

S. ternatansis Reinw. ex Miq. 百穗莚草

⁺*S. triangulatus* Roxb. 水毛花

⁺*Scleria levis* Retz. 珍珠茅

173. Gramineae 禾本科

173A. Bambusoideae 竹亚科

Indocalamus latifolius（Keng）McClure 阔箬竹

I. longiauritus Hand.-Mazz. 箬叶竹

I. pedalis（Keng）Keng f. 矮箬竹

⁺*Lingnania chungii* McClure 粉单竹

Phyllostachys sulphurea（Carr.）Riviere 金竹

173B. Agrestidoideae（Oryzoideae）禾亚科

Alloteropsis semialata（R. Br.）Hitchc. 毛颖草

Alopecurus aequalis Sobol 看麦娘

⁺*Apluda mutica* L. 水蔗草

Aristida cumingiana Trin. et Rupr. 黄毛草

⁺*Arthraxon hispidus*（Thunb.）Makino 荩草

Arundinella hirta（Thunb.）Tanaka 野古草

A. nepalensis Trin. 石芒草

Axonopus compressus（Sw.）Beauv. 地毯草（大叶油草）

Capillipedium parviflorum（R. Br.）Stapf. 细柄草

Centotheca lappacea（Linn.）Desv. 酸模芒（假淡竹叶）

⁺*Chrysopogon aciculatus*（Retz.）Trin. 竹节草

⁺*Coix lachryma-jobi* L. 川谷（薏米）

⁺*Cymbopogon caesius* Stapf 青香茅

⁺*C. tortilis*（Presl）Camus 扭鞘香茅

⁺*Cynodon dactylon*（L.）Pers. 狗牙根

Cyrtococcum patens A. Camus 弓果黍

Dactyloctenium aegyptium（L.）Willd. 龙爪茅

Digitaria longiflora Pers. 长花马唐

D. sanguinalis（L.）Scop. 马唐

D. violascens Link 五指草

Echinochloa crusgalli (L.) Beauv. 稗

⁺*Eleusine indica* (L.) Gaertn. 蟋蟀草(牛筋草)

⁺*Eragrostis chariis* (Schult.) Hitche. 鼠妇草

⁺*E. pilosa* (L.) P. Beauv. 画眉草

E. tenella (L.) Beauv. 鲫鱼草

E. unioloides (Retz.) Nees ex Steud. 牛虱草

Eremochloa ciliaris (L.) Merr. 蜈蚣草

E. ophiuroides (Munro) Hack. 假俭草

E. zeylanica Hack. 马陆草

Eriachne pallescens R. Br. 鹧鸪草

Eulalia quadrinervis Kuntze 四脉金茅

E. speciosa Kuntze 金茅

Garnotia patula (Munro) Benth. 三脉草(耳稃草)

G. triseta Hitch. var. *dechmbens* Keng 偃卧耳稃草

Hackelochloa granularis (L.) Kuntze 球颖草

Hemarthria compressa (L. f.) R. Br. 牛鞭草

⁺*Heteropogon contortus* (L.) Beauv. 黄茅

⁺*Hymenachne assamica* (Hook. f.) Hitchc. 弊草

⁺*Imperata cylindrica* (L.) Beauv. var. *major* (Nees) C. E. Hubb. et Vanghan. 白茅

Isachne globosa (Thunb.) Kuntze 柳叶箸

I. repens Keng 匍匐柳叶箸

Ischaemum aristatum Linn. 芒鸭嘴草

I. ciliare Retz. 纤毛鸭嘴草

Leersia hexandra Sw. 六蕊假稻

Leptochloa chinensis (L.) Nees 千金子

⁺*L. filiformis* (Lam.) Beauv. 细千金子(绿千金子)

Lophatherum gracile Brongn. 淡竹叶

Microstegium vagans A. Camus 蔓生莠竹

⁺*Miscanthus floridulus* (Labill.) Wesb. 五节芒

⁺*M. sinensis* Anderss. 芒(芒草)

Oplismenus compositus (L.) Beauv. 竹叶草

⁺*Oryza sativa* L. 稻

⁺*O. sativa* L. var. *glutinosa* Mats 糯稻

Panicum brevifolium L. 短叶黍

⁺*P. repens* L. 铺地黍

Paspalum conjugatum Berg. 两耳草

P. distichum L. 双穗雀稗

P. scrobiculatum L. 皱稃雀稗

+ *Pennisetum alopecuroides* (L.) Spreng. 狼尾草

+ *Phragmites communis* Trin. 芦苇

+ *P. karka* (Retz.) Trin. ex Steud. 卡开芦(水竹)

+ *Pogonatherum crinitum* (Thunb.) Kunth 金丝草

+ *P. paniceum* (Lam.) Hack. 金发草

+ *Rottboellia exaltata* L. f. 筒轴草

Saccharum arundinaceum Retz. 斑茅

+ * *S. sinensis* Roxb. 甘蔗

S. spontaneum L. 甜根子草

+ *Sacciolepis indica* (L.) A. Chase 囊颖草

Schizachyrium brevifolium (Sartz) Nees ex Buse 短叶裂稃草

S. sanguinum (Retz.) Alston 红裂稃草

Setaria geniculata (Lam.) Beauv. 莠狗尾草

S. glauca (L.) Branv. 黄狗尾草

S. plicata (Lamk.) T. Cooke 皱叶狗尾草

+ *S. viridis* (L.) Beauv. 狗尾草(莠)

Sporobolus elongatus R. Br. 鼠尾粟

Themeda gigantea (Cav.) Hack. 大菅

T. triandra Forsk. 菅草

Thysanolaena maxima (Roxb.) Kuntze 棕叶芦

+ * *Triticum aestivum* L. 小麦

+ *Zea mays* L. 玉蜀黍(蜀米,玉米,包蜀)

+ *Zizania caduciflora* (Turcz.) Hand-Mazz. 茭笋

* *Zoysia tenuifolia* Willd. ex Trin. 细叶结缕草(台湾草)

主要参考文献

胡学玉,艾天成,洪军,等,2011.环境土壤学实验与研究方法[M].武汉:中国地质大学出版社.

刘立诚,彭崇玮,1985.广东罗浮山土壤形成特征[J].土壤通报(2):58-61.

刘南威,2007.自然地理学[M].2版.北京:科学出版社.

宋永昌,2001.植被生态学[M].上海:华东师范大学出版社.

王建,2006.现代自然地理学实习教程[M].北京:高等教育出版社.

吴德邻,张力,2013.广东苔藓志[M].广州:广东科技出版社.

徐国良,莫凌梓,王嘉珊,等,2016.广东罗浮山土壤动物多样性垂直变化特征[J].广州大学学报(自然科学版),15(6):9-16.

尹文英,1998.中国土壤动物检索图鉴[M].北京:科学出版社.

严国柱,1985.广州—罗浮山断裂构造带的基本特征及其形成演化的研究[J].中山大学学报(自然科学版)(1):63-72.

杨萍如,刘腾辉,1994.广东赤红壤的特征及其开发利用[J].自然资源学报(2):112-122.

杨士弘,2002.自然地理学实验与实习[M].北京:科学出版社.

叶创兴,朱念德,廖文波,等,2007.植物学[M].北京:高等教育出版社.

曾昭璇,2001.广东自然地理[M].广州:广东人民出版社.

张韫,郭亚芬,崔晓阳,2011.土壤学实验实习指导[M].哈尔滨:东北林业大学出版社.

郑芷青,1987.罗浮山冲虚观森林群落的初步研究[J].广州师院学报(自然科学版)(1):69-76.